工程实践教育人才培养系列丛书

Java 编程技术与项目实战

主　编：马占飞　吴井军　张玉然

副主编：邓延嵘　汪　蔚　杨　晶　王　伟

　　　　侯志勇　和添锦　李世辉　吕　迪

参　编：樊兵兵　程　州　崔世鑫　孙　伟

电子工业出版社

Publishing House of Electronics Industry

北京·BEIJING

内 容 简 介

本书全面介绍了 Java 编程的核心概念，共 13 章。首先概述 Java 的发展、特性及开发环境搭建，包括 JDK 安装与环境配置等，帮助读者打下坚实的基础。接着，深入探讨基本数据类型、变量使用方法、流程控制语句等，帮助读者构建复杂的逻辑能力。随后，详细阐述面向对象编程的内容，如类、对象、继承、多态和封装等，强化培养读者面向对象的设计思维。此外，还介绍了异常处理、数组与集合框架、输入输出流和多线程等高级特性。

本书旨在帮助读者提升处理数据和并发编程的能力，适合编程新手、有其他语言经验的开发者，以及计算机专业学生阅读。

未经许可，不得以任何方式复制或抄袭本书之部分或全部内容。
版权所有，侵权必究。

图书在版编目（CIP）数据

Java 编程技术与项目实战 / 马占飞，吴井军，张玉然主编. -- 北京：电子工业出版社，2025.5（2025.8重印）. --（工程实践教育人才培养系列丛书）. -- ISBN 978-7-121-50307-8

Ⅰ．TP312.8

中国国家版本馆 CIP 数据核字第 2025CG7219 号

责任编辑：满美希　　文字编辑：杜　皎
印　　刷：涿州市般润文化传播有限公司
装　　订：涿州市般润文化传播有限公司
出版发行：电子工业出版社
　　　　　北京市海淀区万寿路 173 信箱　邮编 100036
开　　本：787×1 092　1/16　印张：15.5　字数：396.8 千字
版　　次：2025 年 5 月第 1 版
印　　次：2025 年 8 月第 2 次印刷
定　　价：54.80 元

凡所购买电子工业出版社图书有缺损问题，请向购买书店调换。若书店售缺，请与本社发行部联系，联系及邮购电话：（010）88254888，88258888。
质量投诉请发邮件至 zlts@phei.com.cn，盗版侵权举报请发邮件至 dbqq@phei.com.cn。
本书咨询联系方式：manmx@phei.com.cn。

前　言

在数字化时代，计算机编程技能变得至关重要。在众多编程语言中，Java凭借强大的功能、广泛的应用范围和出色的可移植性，在编程领域脱颖而出。无论是开发企业级应用和移动应用，还是处理大数据，Java都扮演着关键角色。对于编程新手而言，掌握Java基础是进入编程世界的必经之路。

作者在编写本书的过程中，有幸与包头师范学院、丽江文化旅游学院、贵州民族大学、江西服装学院、安顺学院等十余所大学进行了深度沟通与合作。这些优秀的高等学府在计算机科学教育领域有着深厚的底蕴和卓越的成就。通过与这些高等学府紧密合作，作者得以汇聚众多专家学者的智慧与经验。大学教授们以严谨的学术态度和丰富的教学经验，为本书的知识体系构建、内容深度把握提供了专业指导。学生们的积极参与和反馈，则让本书更加贴近实际学习需求，确保了内容的实用性和易理解性。

Java是一种面向对象的编程语言，由Sun Microsystems公司于1995年推出。其设计初衷是实现跨平台应用开发，即"一次编写，到处运行"。这一特性允许Java程序在不同的操作系统和硬件平台上无缝运行，无须大量修改。Java这种跨平台能力极大地便利了开发者，并使其在企业级应用开发中广受欢迎。

Java语言以简洁明了的语法结构而易于学习和理解。它的语法与C、C++语言类似，但摒弃了一些复杂特性，如指针操作和手动内存管理，从而提高了代码的安全性和可靠性，减少了错误的发生。Java还提供丰富的类库和工具，覆盖从基础数据结构到网络编程、图形用户界面等众多领域，显著提升了开发效率，使开发者能够更专注于业务逻辑的实现。

学习Java基础，首先需要掌握变量、数据类型、运算符和控制语句等核心概念。变量是存储数据的容器，数据类型决定了变量可以存储的数据种类。运算符用于执行各种数据运算，而控制语句则用于指导程序的流程。掌握这些基础知识，我们就能编写简单的程序，实现基本功能。

面向对象编程是Java的核心理念之一。在Java中，一切皆对象，对象拥有属性和行为。代码具有可以封装、继承和多态等特性，能够复用和扩展。封装是将数据和操作封装在类中，并提供公共接口，隐藏内部细节。继承允许通过继承父类的属性和方法来复用代码。多态意味着同一操作在不同对象上可能有不同的行为。学习面向对象编程有助于我们更好地组织和管理代码，提升代码的可维护性和可扩展性。

除了基础语法和面向对象编程，Java还提供异常处理、输入输出流和多线程编程等高级特性。异常处理机制可以帮助我们更有效地处理程序错误和异常情况，增强程序的稳定性和可靠性。输入输出流使我们能够与外部设备进行数据交互，实现文件读写和网络通信等功能。多线程编程则提升了程序的并发性能，实现了多任务的并行执行。

学习 Java 基础需要持续实践和经验的积累。编写简单的程序，如计算器、猜数字游戏等，有助于巩固所学知识。综上所述，学习 Java 基础是编程旅程的起点。掌握 Java 的基本语法、面向对象编程和高级特性，将为未来的编程学习和实践打下坚实的基础。在学习过程中，保持耐心和热情，不断实践和探索，你将能够成为一名出色的 Java 开发者。

为辅助读者深入理解书中内容，本书特别提供配套 PPT 教学资源与重难点知识视频讲解，您可通过扫描书中的二维码，免费获取相关资源。

配套PPT教学资源

目 录

第 1 章 走进 Java ·· 1
1.1 Java 概述 ·· 2
- 1.1.1 Java 的历史 ·· 2
- 1.1.2 Java 的特点 ·· 3
- 1.1.3 Java 的应用领域 ·· 4

1.2 Java 开发环境 ·· 4
- 1.2.1 JDK 的安装 ·· 4
- 1.2.2 配置 Java 开发环境 ·· 6
- 1.2.3 安装和配置开发工具 IDEA ·· 8
- 1.2.4 JDK 概述 ·· 11
- 1.2.5 JRE 概述 ·· 11
- 1.2.6 JDK、JRE 与 JVM 的区别和联系 ·· 11
- 1.2.7 第一个 Java 程序 ·· 11

1.3 Java 标识符 ·· 12
- 1.3.1 标识符概述 ·· 12
- 1.3.2 为什么使用标识符 ·· 12
- 1.3.3 标识符的命名规范 ·· 12
- 1.3.4 关键字和保留词 ·· 13

本章小结 ·· 13
关键术语 ·· 13
习题 ·· 13

第 2 章 数据类型和变量 ·· 14
2.1 数据类型 ·· 16
- 2.1.1 基本数据类型 ·· 16
- 2.1.2 引用数据类型 ·· 16

2.2 常量和变量 ·· 17
- 2.2.1 常量概述 ·· 17
- 2.2.2 常量的使用 ·· 17
- 2.2.3 变量概述 ·· 18
- 2.2.4 变量的使用 ·· 18

2.3 数据类型转换 ·· 19

2.3.1　自动转换 19
　　　2.3.2　强制转换 20
　　　2.3.3　类型推断 21
　本章小结 22
　关键术语 23
　习题 23
　实际操作训练 23

第3章　运算符 24

　3.1　算术运算符 26
　　　3.1.1　加减乘除运算符 26
　　　3.1.2　取模运算符 27
　　　3.1.3　自增和自减运算符 28
　　　3.1.4　总结算术运算符 29
　3.2　赋值运算符 29
　3.3　关系运算符 30
　　　3.3.1　关系运算符概述 30
　　　3.3.2　关系运算符的注意事项 31
　　　3.3.3　关系运算符的使用 31
　3.4　逻辑运算符 32
　3.5　位运算符 33
　　　3.5.1　位运算符概述 33
　　　3.5.2　位运算符的类型 33
　　　3.5.3　位运算符的注意事项 33
　　　3.5.4　位运算符的使用 33
　3.6　三元运算符 34
　　　3.6.1　三元运算符概述 34
　　　3.6.2　三元运算符的语法 34
　　　3.6.3　三元运算符的特点 34
　　　3.6.4　三元运算符的注意事项 35
　　　3.6.5　三元运算符的使用 35
　3.7　运算符的优先级 35
　本章小结 36
　关键术语 37
　习题 37
　实际操作训练 37

第4章　流程控制语句 38

　4.1　顺序结构 39
　　　4.1.1　顺序结构的定义 39

  4.1.2 顺序结构的特点 ··· 39
  4.1.3 顺序结构的使用 ··· 40
 4.2 分支结构 ··· 40
  4.2.1 分支结构的定义 ··· 40
  4.2.2 分支结构的分类 ··· 40
  4.2.3 分支结构的特点 ··· 41
  4.2.4 分支结构的使用 ··· 42
 4.3 循环结构 ··· 42
  4.3.1 循环结构的定义 ··· 42
  4.3.2 循环结构的分类 ··· 42
  4.3.3 循环结构的特点 ··· 44
本章小结 ·· 44
关键术语 ·· 45
习题 ··· 45
实际操作训练 ·· 45

第 5 章 数组 ··· 46

 5.1 数组介绍 ··· 47
  5.1.1 数组概念 ·· 47
  5.1.2 数组的特点 ··· 47
  5.1.3 数组的应用领域 ··· 48
 5.2 一维数组 ··· 48
  5.2.1 一维数组的创建 ··· 49
  5.2.2 一维数组的初始化 ·· 50
  5.2.3 一维数组的操作 ··· 51
 5.3 二维数组 ··· 53
  5.3.1 二维数组概述 ·· 53
  5.3.2 二维数组的创建和初始化 ·· 53
  5.3.3 二维数组的注意事项 ·· 54
本章小结 ·· 55
关键术语 ·· 55
习题 ··· 55
实际操作训练 ·· 55

第 6 章 方法 ··· 56

 6.1 方法概述 ··· 58
  6.1.1 方法的概念 ··· 58
  6.1.2 方法的特点 ··· 58
  6.1.3 方法的作用 ··· 58
 6.2 方法的定义和调用 ··· 59

- 6.2.1 方法的定义 ·········· 59
- 6.2.2 方法的调用 ·········· 59
- 6.3 方法参数 ·········· 60
  - 6.3.1 方法参数的个数 ·········· 60
  - 6.3.2 方法参数的类型 ·········· 61
  - 6.3.3 方法参数的种类 ·········· 62
  - 6.3.4 方法参数的传递 ·········· 62
- 6.4 方法返回值 ·········· 64
  - 6.4.1 方法返回值的类型 ·········· 64
  - 6.4.2 方法返回值的应用 ·········· 64
  - 6.4.3 方法返回值的注意事项 ·········· 65
- 6.5 方法重载 ·········· 65
  - 6.5.1 方法重载的规则 ·········· 65
  - 6.5.2 方法重载的实现 ·········· 65
  - 6.5.3 方法重载的优势 ·········· 67
- 6.6 方法的作用域和生命周期 ·········· 67
  - 6.6.1 方法的作用域 ·········· 67
  - 6.6.2 方法的生命周期 ·········· 67
- 6.7 递归方法 ·········· 68
  - 6.7.1 递归方法的定义 ·········· 68
  - 6.7.2 递归方法的特点 ·········· 68
  - 6.7.3 递归方法的使用 ·········· 68
- 本章小结 ·········· 69
- 关键术语 ·········· 69
- 习题 ·········· 69
- 实际操作训练 ·········· 70

第 7 章 面向对象 ·········· 71

- 7.1 面向对象的思想 ·········· 73
  - 7.1.1 面向过程的概念 ·········· 73
  - 7.1.2 面向对象的概念 ·········· 73
  - 7.1.3 面向对象与面向过程的关系 ·········· 74
- 7.2 类与对象的关系 ·········· 74
  - 7.2.1 类的定义 ·········· 74
  - 7.2.2 对象的定义 ·········· 75
  - 7.2.3 类与对象的关系 ·········· 76
- 7.3 成员的调用 ·········· 76
  - 7.3.1 成员变量和成员方法的定义 ·········· 76
  - 7.3.2 成员变量和成员方法的调用 ·········· 76
- 7.4 成员变量与局部变量的区别 ·········· 77

7.5 关键字 this 和 static ·· 78
7.5.1 关键字 this ·· 78
7.5.2 关键字 static ·· 79
7.6 构造方法 ·· 82
7.6.1 构造方法的定义 ·· 82
7.6.2 构造方法的语法结构 ·· 83
7.6.3 构造方法的访问 ·· 83
7.7 封装 ·· 84
7.7.1 封装的定义 ·· 84
7.7.2 包 ·· 84
7.7.3 访问修饰符的权限 ·· 85
7.7.4 封装的实现 ·· 86
7.7.5 封装的好处 ·· 87
7.8 继承 ·· 88
7.8.1 继承的定义 ·· 88
7.8.2 继承的作用 ·· 88
7.8.3 继承的语法与实现 ·· 88
7.8.4 成员的访问 ·· 89
7.8.5 构造方法的调用顺序 ·· 89
7.8.6 方法重写 ·· 90
7.8.7 关键字 super ·· 92
7.8.8 关键字 final ·· 95
7.9 多态 ·· 96
7.9.1 多态的定义 ·· 96
7.9.2 多态的优点和作用 ·· 96
7.9.3 多态的实现方式 ·· 97
7.10 抽象类和抽象方法 ·· 98
7.10.1 抽象类的定义 ·· 98
7.10.2 抽象类的特点 ·· 99
7.10.3 抽象类的实现方式 ·· 99
7.10.4 抽象类的作用 ·· 100
7.10.5 抽象方法的定义 ·· 100
7.10.6 抽象方法的实现方式 ·· 100
7.11 接口 ·· 101
7.11.1 接口的定义 ·· 101
7.11.2 接口的特点 ·· 101
7.11.3 接口的作用 ·· 102
7.11.4 接口的实现方式 ·· 102
7.11.5 抽象类与接口的区别 ·· 103
本章小结 ·· 103

关键术语 ·· 104
习题 ·· 104
实际操作训练 ··· 104

第 8 章 内部类 ··· 105

8.1 内部类 ·· 106
8.1.1 内部类的定义 ·· 106
8.1.2 成员内部类 ·· 107
8.1.3 局部内部类 ·· 108

8.2 静态内部类 ··· 109
8.2.1 静态内部类的定义 ··· 109
8.2.2 静态内部类的使用 ··· 110

8.3 匿名内部类 ··· 111
本章小结 ·· 111
关键术语 ·· 112
习题 ·· 112

第 9 章 异常处理 ··· 113

9.1 异常概念 ·· 114
9.1.1 异常概述 ·· 114
9.1.2 异常体系结构 ·· 115
9.1.3 常用异常类 ·· 115

9.2 异常处理 ·· 116
9.2.1 异常捕获 ·· 116
9.2.2 异常抛出 ·· 118

9.3 自定义异常类 ·· 118
9.3.1 自定义异常类概述 ··· 118
9.3.2 自定义异常类的实现 ··· 118
9.3.3 异常链 ·· 119
本章小结 ·· 119
关键术语 ·· 119
习题 ·· 120

第 10 章 字符串和常用类库 ··· 121

10.1 字符串定义和通用操作 ··· 122
10.1.1 创建字符串 ··· 122
10.1.2 字符串通用操作 ··· 123
10.1.3 String API ·· 126

10.2 StringBuilder 和 StringBuffer ··· 127
10.2.1 StringBuilder 和 StringBuffer 概述 ······································· 127

10.2.2　常用方法 ·· 128
　　　10.2.3　StringBuilder 和 StringBuffer 的区别 ······································· 129
　10.3　正则表达式 ·· 129
　　　10.3.1　正则表达式概述 ··· 129
　　　10.3.2　正则表达式的语法 ·· 130
　　　10.3.3　正则表达式的使用 ·· 130
　10.4　Java 常用类库 ·· 132
　　　10.4.1　Object 类 ·· 132
　　　10.4.2　Math 类 ··· 135
　　　10.4.3　Random 类 ·· 136
　　　10.4.4　Date 类 ·· 137
　　　10.4.5　包装类 ··· 140
　本章小结 ··· 141
　关键术语 ··· 141
　习题 ··· 141
　实际操作训练 ··· 141

第 11 章　集合框架 ··· 142

　11.1　集合框架概述 ·· 144
　　　11.1.1　数组特点和弊端 ··· 144
　　　11.1.2　Java 集合框架体系 ·· 144
　　　11.1.3　Java 集合的使用场景 ·· 144
　11.2　单列集合 ··· 146
　　　11.2.1　Collection 接口 ··· 146
　　　11.2.2　Iterator 接口 ·· 151
　　　11.2.3　List 接口 ··· 153
　　　11.2.4　Set 接口 ·· 156
　11.3　双列集合 ··· 164
　　　11.3.1　Map 接口 ··· 164
　　　11.3.2　HashMap 实现类 ··· 165
　　　11.3.3　TreeMap 实现类 ··· 166
　　　11.3.4　Hashtable 实现类 ·· 171
　　　11.3.5　Properties 实现类 ·· 172
　11.4　Collections 工具类 ·· 172
　本章小结 ··· 173
　关键术语 ··· 173
　习题 ··· 174
　实际操作训练 ··· 174

第 12 章 File 类与输入输出流 ··· 175

12.1 File 类 ··· 176
- 12.1.1 File 类概述 ··· 176
- 12.1.2 File 类的构造方法 ··· 177
- 12.1.3 File 类的常用方法 ··· 178

12.2 输入输出流分类 ··· 180
- 12.2.1 输入输出流分类概述 ··· 180
- 12.2.2 输入输出流 API ··· 180

12.3 节点流 ··· 181
- 12.3.1 Reader 与 Writer ··· 181
- 12.3.2 FileReader 与 FileWriter 实现类 ··· 182
- 12.3.3 InputStream 与 OutputStream ··· 183
- 12.3.4 FileInputStream 与 FileOutputStream ··· 184

12.4 处理流 ··· 187
- 12.4.1 缓存流 ··· 187
- 12.4.2 转换流 ··· 190

12.5 其他流 ··· 192
- 12.5.1 标准输入输出流 ··· 192
- 12.5.2 打印流 ··· 193
- 12.5.3 Scanner 类 ··· 194

本章小结 ··· 196
关键术语 ··· 196
习题 ··· 196
实际操作训练 ··· 196

第 13 章 多线程 ··· 197

13.1 多线程基本概念 ··· 199
- 13.1.1 程序、进程与线程 ··· 199
- 13.1.2 线程的调度 ··· 199
- 13.1.3 多线程的优点 ··· 200
- 13.1.4 单核与多核概述 ··· 200
- 13.1.5 并行与并发概述 ··· 200

13.2 线程的创建与启动 ··· 200
- 13.2.1 继承 Thread 类 ··· 200
- 13.2.2 实现 Runnable 接口 ··· 202
- 13.2.3 匿名内部类创建启动线程 ··· 204
- 13.2.4 继承 Thread 类与实现 Runnable 接口的区别 ··· 205

13.3 线程的生命周期 ··· 205
13.4 多线程同步 ··· 206

  13.4.1 资源线程的安全问题 ·· 206
  13.4.2 同步机制 ·· 210
 13.5 线程间的通信 ·· 215
  13.5.1 为什么要进行线程通信 ··· 215
  13.5.2 等待唤醒机制 ·· 216
 13.6 线程池 ·· 220
  13.6.1 为什么使用线程池 ·· 220
  13.6.2 线程池的优点 ·· 221
  13.6.3 线程池相关 API ·· 221
本章小结 ·· 223
关键术语 ·· 223
习题 ·· 223
实际操作训练 ·· 224

习题答案 ·· 225

第 1 章 走进 Java

【本章教学要点】

知 识 要 点	掌 握 程 度	相 关 知 识
Java 概述	了解	1. Java 的历史 2. Java 的特点 3. Java 的应用领域
Java 开发环境	掌握	1. JDK 的安装 2. 配置 Java 开发环境 3. 安装和配置开发工具 IDEA 4. JDK 概述 5. JRE 概述 6. JDK、JRE 与 JVM 的区别和联系 7. 第一个 Java 程序
Java 标识符	掌握	1. 标识符概述 2. 为什么使用标识符 3. 标识符的命名规范 4. 关键字和保留词

【本章技能要点】

技 能 要 点	掌 握 程 度	应 用 方 向
Java 的发展历史、特点及应用的领域	了解	1. Web 开发 2. 移动端开发 3. 桌面开发
安装 JDK 和 JRE	掌握	大数据处理
编写 Java 程序	重点掌握	游戏开发
使用标识符	重点掌握	1. 应用开发 2. Web 开发 3. 桌面开发 4. 大数据开发 5. 游戏开发

【导入案例】

在一个充满阳光和活力的小镇上，有一个叫小林的少年，他对计算机科学充满好奇，梦想能够编写自己的程序。然而，在他所在的学校里，计算机编程一直是一个遥远而神秘的领域，直到有一天，一位特殊的老师带给他一个全新的世界。

这位老师是一位年轻而充满激情的计算机科学家，他总是以一种充满趣味和生动的方式讲解编程知识，让每一个学生都沉浸其中。

有一天，这位老师带来一本厚厚的书，书名叫作《Java 编程入门》。他告诉学生们，Java 是一种强大而灵活的编程语言，它可以让编程者创造出各种令人惊叹的应用程序。

这位老师开始讲述 Java 的历史。他告诉学生们，Java 诞生于 20 世纪 90 年代初，由一群计算机科学家在美国硅谷创造出来。当时，互联网刚刚兴起，人们迫切需要一种可以跨平台运行的编程语言，于是 Java 便诞生了。

这位老师还讲述了 Java 名称的由来。他说，Java 最初被命名为"Oak"（橡树），因为已经有同名的编程语言，后来改名为 Java。Java 这个名字来源于始创团队常喝的一种咖啡，寓意充满活力和创造力的精神。Java 的诞生改变了软件开发的格局，它不仅简化了开发流程，还让应用程序可以在不同的平台上运行，从而推动了互联网的发展。

Java 的官方标志是一个带有咖啡杯和火焰的图案，象征 Java 语言的活力和热情，如图 1-1 所示。这个标志通常被称为"Duke"，Duke 是一个咖啡豆吉祥物。

图 1-1　Java 标志

【课程思政】

（1）技术与社会责任。

通过学习 Java 的历史，引导学生思考技术发展对社会的影响，让学生意识到自己作为技术人员，肩负着推动社会进步和改善人类生活的责任。

（2）开放与分享。

作为一门开放编程语言，Java 倡导开放共享的精神，这也是一种积极的社会价值观。鼓励学生在学习和工作中，积极分享知识、互相帮助，共同推动技术和社会的发展。

（3）多元文化与包容性。

作为一种跨平台编程语言，Java 反映出多元文化和包容性理念。通过学习 Java，学生可以体会不同文化背景下的编程思维方式，培养跨文化交流和合作的能力。

1.1　Java 概述

1.1.1　Java 的历史

走进 JAVA

Java 的历史可以追溯到 20 世纪 90 年代初，它由 Sun Microsystems 公司的工程师詹姆斯·高斯林（James Gosling）领导的团队开发。以下是 Java 的主要发展历程。

1991 年，高斯林和他的团队开始开发一种名为"Oak"的编程语言，用于嵌入式系统的开发。该语言最初是为了在家用电器等嵌入式系统上运行。1995 年，Sun Microsystems 公司发布了 Java，Java 原本是 Oak 应用开发环境的一部分。Java 语言是作为一种能够在各种平台上运行的、面向对象的编程语言而设计的。

Java 的一个重要特性是跨平台性，这是通过 Java 虚拟机（JVM）实现的，JVM 负责将 Java 字节码翻译成特定平台上的机器码。因此，Java 程序可以在任何安装 JVM 的平台上运行，无须重新编译。这一特性使 Java 在 Web 应用程序开发方面变得非常流行，特别是在客户端-服务器应用程序中。

Java 在其发展过程中进行了多次标准化，以确保其在不同用户的使用中具有一致性。最著名的是 Java SE（Standard Edition）、Java EE（Enterprise Edition）和 Java ME（Micro Edition）。Java SE 是针对桌面和服务器应用程序的标准版，Java EE 用于企业级应用程序开发，而 Java ME 则是针对嵌入式设备和移动设备的微型版。

2010 年，甲骨文（Oracle）公司收购了 Sun Microsystems 公司，从而获得了 Java 的所有权和管理权。甲骨文公司继续推动 Java 的发展，并发布了一系列 Java 版本和更新。

自从甲骨文公司接手 Java 以来，Java 平台一直在持续发展，每年都会发布新的版本，带来新的功能和改进，同时修复一些旧版本中的错误。Java 8 引入许多重要特性，包括 Lambda 表达式、Stream 应用程序接口（API）和新的日期时间 API。Java 9 带来模块化系统，Java 10 和 Java 11 分别引入局部变量类型推断和超文本传输协议（HTTP）客户端 API。而 Java 14、Java 15 和 Java 16 则带来更多的语言特性和增强功能。

Java 的生态系统也在不断壮大，涵盖各种各样的框架、库和工具，使其成为一种广泛用于企业级应用开发、大数据处理、人工智能等领域的主流编程语言之一。

Java 经历了几十年的发展，从最初的嵌入式系统开发语言发展成为一种跨平台、功能强大、应用广泛的编程语言，并且仍然处于活跃的发展状态。

1.1.2 Java 的特点

（1）跨平台性：Java 的跨平台性是其最显著的特点之一。Java 程序可以在各种操作系统上运行，无须重新编译。

（2）简单易学：Java 具有简洁的语法和丰富的文档，语法更加清晰、规范，使初学者更容易入门。

（3）健壮性：Java 具有强大的异常处理机制和内存管理功能，使程序更加健壮。

（4）安全性：Java 在设计时考虑了安全性，采取多种措施保护系统免受恶意攻击。

（5）多线程支持：Java 支持多线程编程，使开发人员可以轻松地编写并发程序。

（6）丰富的类库：Java 提供丰富的类库，这些类库使开发人员可以快速构建复杂的应用程序。

（7）动态性：Java 支持动态加载和动态链接，可以在运行时加载和链接类和库。这种动态性使 Java 程序具有更高的灵活性和可扩展性。

1.1.3　Java 的应用领域

（1）企业级应用开发：Java 在企业级应用开发方面非常流行。企业级 Java 应用通常采用 Java EE 平台，用于开发大型、高性能、可伸缩的企业级应用，如电子商务系统、客户关系管理（CRM）系统、企业资源规划（ERP）系统等。

（2）Web 应用程序开发：Java 在 Web 应用程序开发领域具有重要地位。通过采用 Java Servlet、JavaServer Pages（JSP）、Spring MVC 等技术，开发人员可以构建动态、交互式的 Web 应用程序。许多知名网站和 Web 应用程序，如在线银行、电子邮件服务、社交媒体平台等，都是使用 Java 开发的。

（3）移动应用开发：虽然移动应用开发领域有其他更流行的语言和框架，但 Java 仍然被广泛用于 Android 应用程序的开发。Android 平台使用 Java 作为其主要编程语言，开发人员可以使用 Java 编写 Android 应用程序，并利用 Android SDK 提供的工具和库来构建功能丰富的移动应用。

（4）大数据处理：Java 在大数据处理领域也有一席之地。许多大数据处理框架和工具，如 Apache Hadoop、Apache Spark、Apache Flink 等，都是用 Java 编写的。开发人员可以用 Java 编写大数据应用程序，利用这些框架和工具来处理大规模的数据集。

（5）金融科技：金融领域对高性能、安全性和可靠性有极高的要求，因此 Java 在金融科技领域被广泛应用。许多金融机构和金融科技公司使用 Java 开发交易系统、支付系统、风险管理系统等关键性应用程序。

（6）游戏开发：虽然游戏开发领域有其他更专业的编程语言和引擎，但 Java 仍然被用于开发一些简单的桌面游戏和移动游戏。Java 的图形界面库（如 AWT 和 Swing）与游戏开发框架（如 LibGDX）使开发人员可以轻松构建 2D 游戏和 3D 游戏。

（7）科学计算和工程应用：Java 被广泛用于科学计算和工程应用领域。开发人员可以使用 Java 编写模拟、数据分析、可视化等科学计算应用程序，以及计算机辅助设计（CAD）、建模等工程应用程序。

1.2　Java 开发环境

Java 开发环境中的一些常见组件和工具共同构成了一个完整的 Java 开发生态系统，为开发人员提供了丰富的功能和工具支持，可以帮助他们高效地进行 Java 程序的开发和管理。

1.2.1　JDK 的安装

安装 Java Development Kit（JDK）是开始使用 Java 进行编程的第一步。下面以 JDK 1.8 为例，讲解安装 JDK 的一般步骤。

（1）双击已经下载的 jdk-8u91-windows-x64.exe 可执行文件，打开安装程序界面，单击"下一步"按钮，如图 1-2 所示。

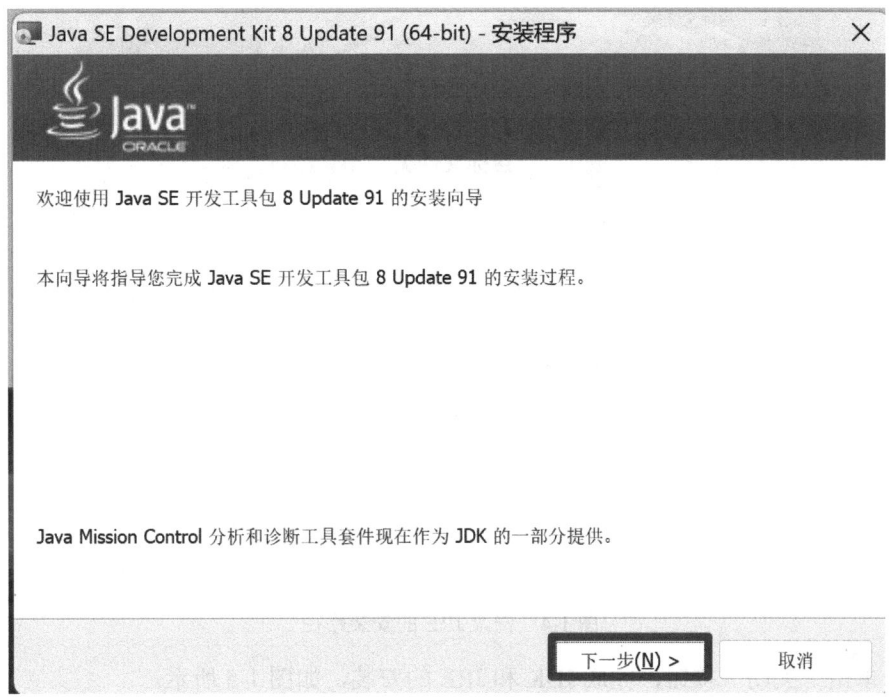

图 1-2　JDK 1.8 安装

（2）单击"更改"按钮，修改 JDK 的安装路径，单击"下一步"按钮，如图 1-3 所示。

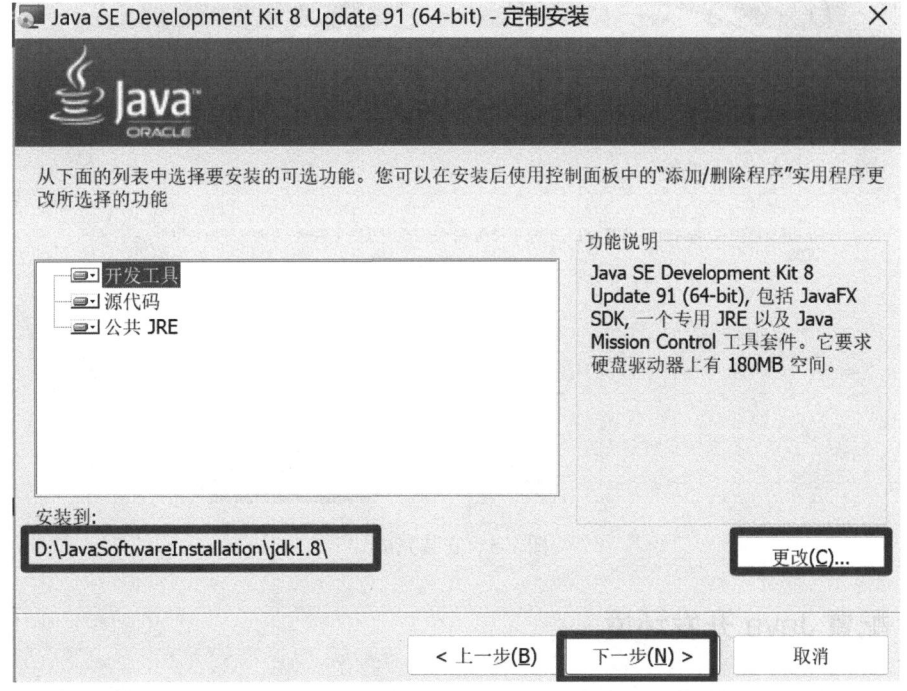

图 1-3　修改 JDK 的安装路径

（3）单击"更改"按钮，修改 Java Runtime Environment(JRE)的安装路径，单击"下一步"按钮，如图 1-4 所示。

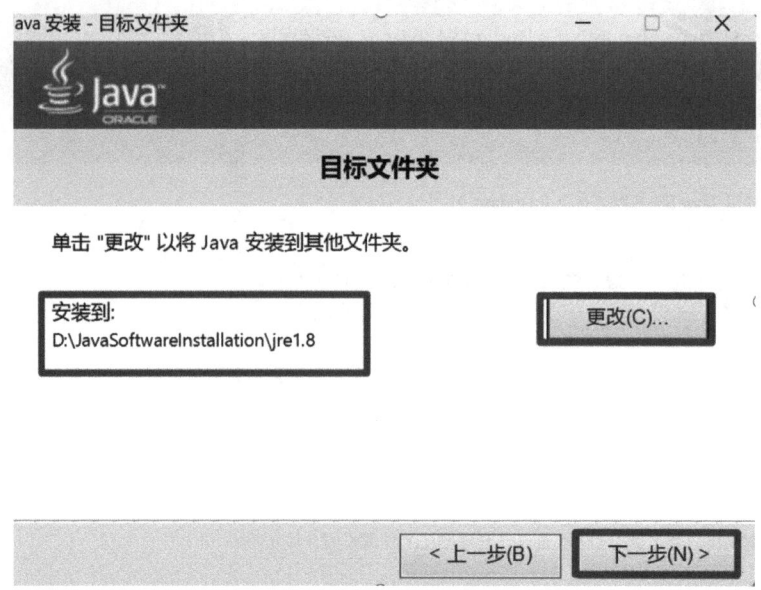

图 1-4 修改 JRE 的安装路径

（4）单击"关闭"按钮，完成 JDK 和 JRE 的安装，如图 1-5 所示。

图 1-5 安装完成

1.2.2 配置 Java 开发环境

配置环境变量可以让系统在任何目录下都能够识别 Java 开发工具，所以需要配置环境变量。查看 JDK 1.8 在磁盘上的安装位置，配置环境变量。

（1）单击计算机的搜索栏，搜索"环境变量"，选择"编辑系统环境变量"，在出现的界面中单击"环境变量"按钮，如图 1-6 所示。

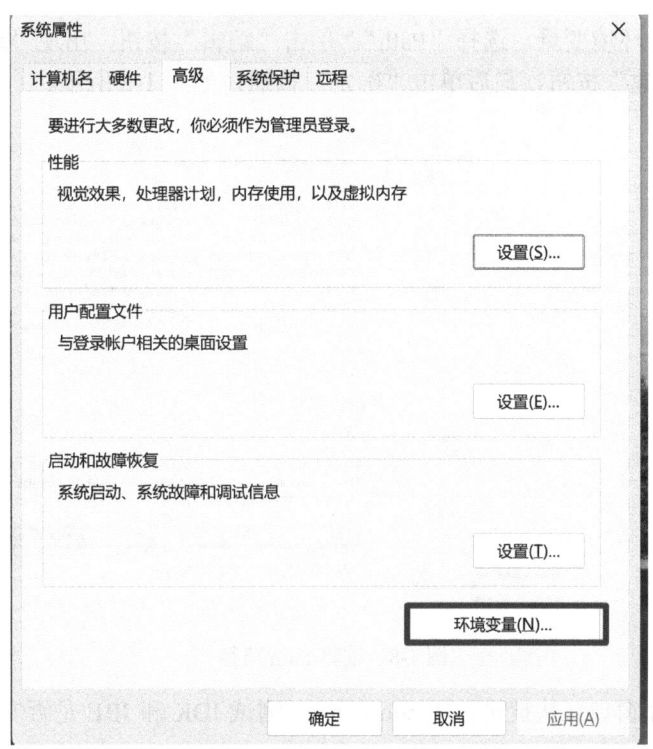

图 1-6　查看环境变量

（2）在"系统变量"界面单击"新建"按钮，新建变量名，选择变量值，最后单击"确定"按钮，如图 1-7 所示。

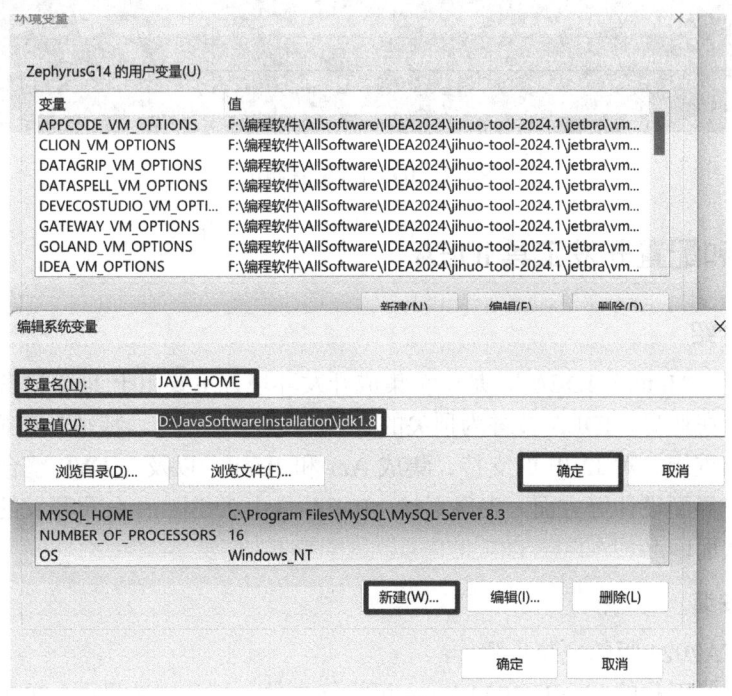

图 1-7　新建变量名

（3）配置 Path 环境变量，选择"Path"，单击"编辑"按钮，出现"编辑环境变量"界面，然后单击"新建"按钮，最后单击"确定"按钮，如图 1-8 所示。

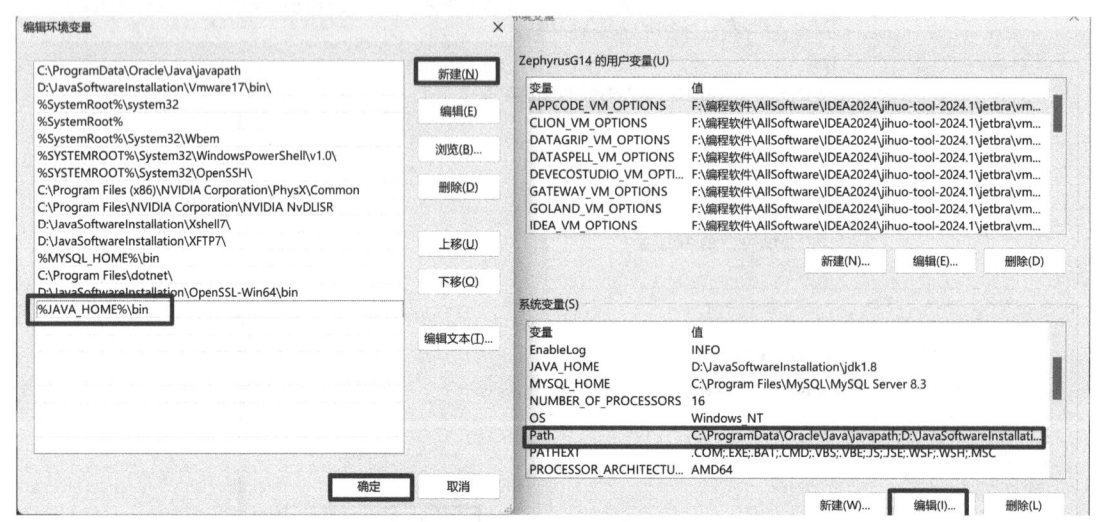

图 1-8　编辑 Path 路径

（4）打开 DOS 窗口（快捷键：Window+R），测试 JDK 和 JRE 是否安装成功，如图 1-9 所示。

图 1-9　JDK 1.8 配置测试

1.2.3　安装和配置开发工具 IDEA

1. IDEA 介绍

IDEA 全称为"IntelliJ IDEA"，是一个集成开发环境，主要用于 Java 语言开发，也支持其他编程语言。在业界，IDEA 被誉为顶尖的 Java 开发工具之一，特别是在智能代码辅助、代码自动完成、重构、对 J2EE 的支持、集成 Ant 和 JUnit，以及与 CVS 整合、代码审查和创新的图形用户界面设计等方面，表现卓越。IDEA 是由 JetBrains 公司开发的，该公司以其严谨的开发团队而闻名。

2. IDEA 安装

下面是 IDEA2024 版的安装步骤。

（1）双击已经下载的 ideaIU-2024.1.exe 可执行文件，打开安装界面，单击"下一步"按钮，如图 1-10 所示。

第 1 章　走进 Java　9

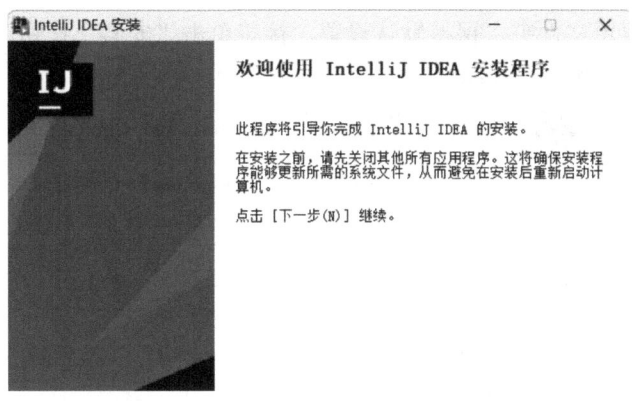

图 1-10　IDEA 安装

（2）单击"浏览"按钮，更改安装目录，单击"下一步"按钮，如图 1-11 所示。

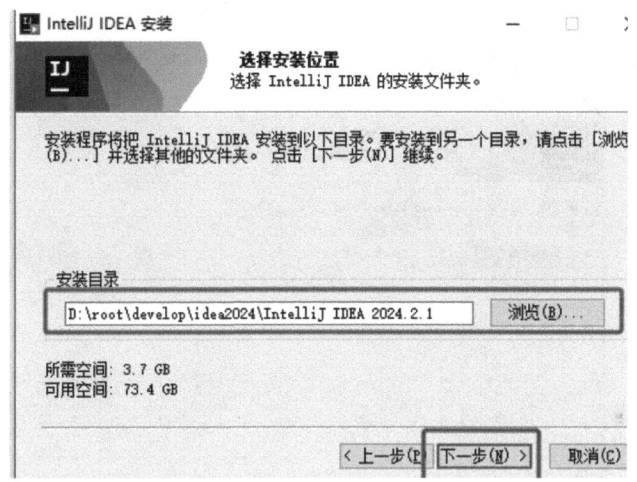

图 1-11　更改安装目录

（3）安装选项包括创建桌面快捷方式，以及更新 PATH 变量（此操作需要重启计算机）。请确保勾选"将"bin"文件夹添加到 PATH"这一项，单击"下一步"按钮，如图 1-12 所示。

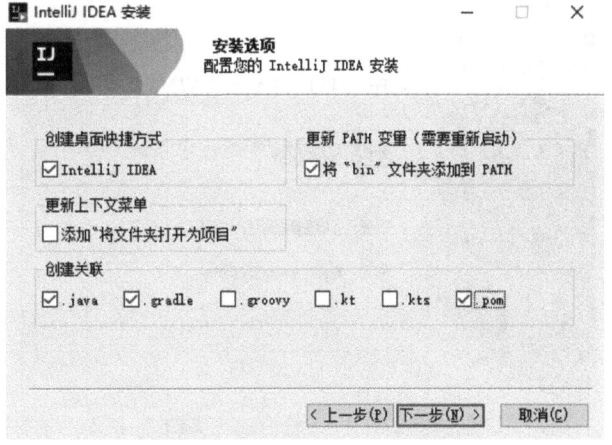

图 1-12　选择安装选项

（4）选择开始菜单文件夹，保持默认设置，接着单击"安装"按钮，如图 1-13 所示。

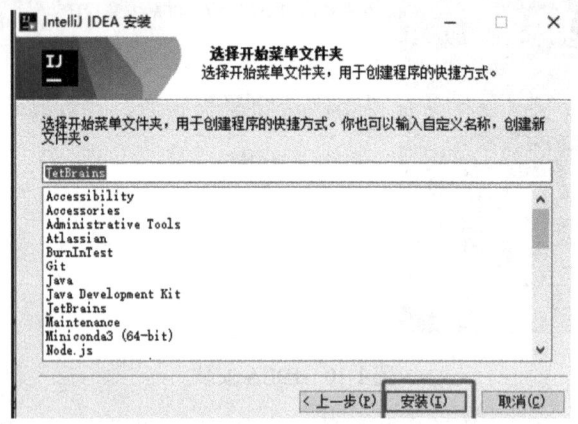

图 1-13　选择开始菜单文件夹

（5）等待安装完成，查看进度条，如图 1-14 所示。

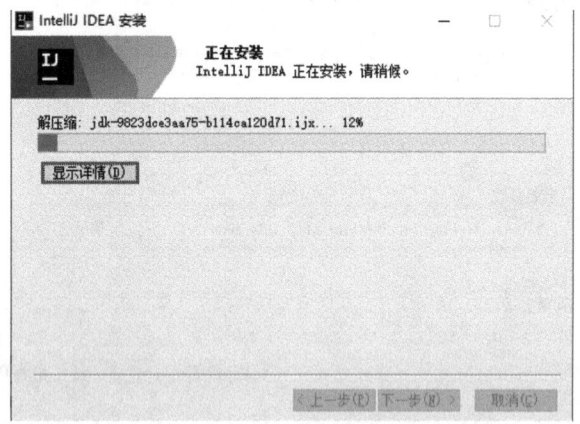

图 1-14　正在安装

（6）安装结束后，根据情况，可以选择"是，立即重新启动"或"否，我会在之后重新启动"选项，如图 1-15 所示。

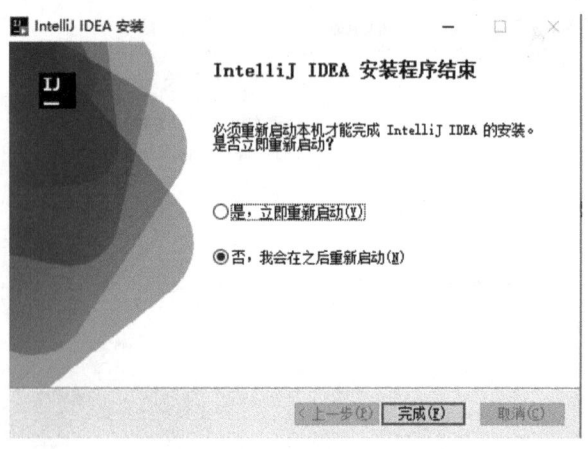

图 1-15　安装程序结束界面

1.2.4 JDK 概述

Java Development Kit（JDK）是 Java 编程语言的软件开发工具包，提供开发和运行 Java 程序所需的工具和库。JDK 包括 Java 编译器（javac）、Java 运行环境（JRE）、Java 文档生成工具（JavaDoc）等核心组件，以及用于开发和调试 Java 程序的其他工具和库。

1.2.5 JRE 概述

Java Runtime Environment（JRE）是 Java 程序的运行环境，它包含 Java 虚拟机（JVM）和 Java 核心类库，用于在计算机上执行 Java 程序。它为 Java 程序提供了平台无关性、自动更新等优点，是部署和运行 Java 程序的必备组件。

1.2.6 JDK、JRE 与 JVM 的区别和联系

JDK、JRE 和 JVM 是 Java 开发和运行的三个重要组件，它们之间有以下区别。

1. JDK

JDK 是 Java 开发工具包，它包含 Java 开发所需的工具和库，如编译器、调试器、Java 文档生成工具等，以及 Java 标准类库。JDK 不仅提供编译、调试和运行 Java 程序的工具，还包含开发 Java 应用所需的各种支持文件和工具。

2. JRE

JRE 是 Java 运行环境，包含 JVM 和 Java 核心类库。JRE 用于在计算机上运行 Java 程序，提供 Java 程序运行所需的运行环境和支持，但不包括开发工具和编译器。如果只是想运行 Java 程序而不需要进行开发，那么安装 JRE 即可。

3. JVM

JVM 是 Java 虚拟机，是 Java 程序的运行引擎，负责将 Java 字节码（由 Java 编译器生成的中间代码）转换为特定平台上的机器码，并在运行时执行这些机器码。JVM 提供内存管理、垃圾回收、线程管理等运行环境支持，确保 Java 程序在不同平台上稳定运行。

1.2.7 第一个 Java 程序

【例 1-1】编写一个简单的 Java 程序，输出"Hello, World"到控制台，代码如下：

```java
public class HelloWorld {
    public static void main(String[ ] args) {
        System.out.println("Hello，World");
    }
}
```

程序运行结果，如图 1-16 所示。

```
Microsoft Windows [版本 10.0.22621.3447]
(c) Microsoft Corporation. 保留所有权利。

D:\teachingMaterial\code>javac HelloWorld.java   编译Java文件会生成一个class文件

D:\teachingMaterial\code>java HelloWorld   运行class文件
Hello,World

D:\teachingMaterial\code>
```

图 1-16　程序运行结果

根据上述代码，程序应当在控制台上输出"Hello, World"。

1.3　Java 标识符

1.3.1　标识符概述

在 Java 编程语言中，标识符是用来标识变量、方法、类、包等各种元素的名称。标识符可以由字母、数字、下画线和美元符号组成，但必须遵循一定的命名规则和约定。

1.3.2　为什么使用标识符

（1）可读性和可维护性：使用有意义的、描述性的标识符可以增强代码的可读性，使其他开发人员更容易理解和维护代码。
（2）约定俗成：Java 社区有一套约定俗成的命名规则和惯例。
（3）避免冲突和错误：选择合适的标识符可以避免命名冲突和错误。
（4）提高代码的可维护性和可扩展性：选择良好的标识符可以使代码更易于维护和扩展。
（5）符合 Java 语言规范：使用符合 Java 语言规范的标识符可以确保代码的可移植性和兼容性。

1.3.3　标识符的命名规范

良好的命名约定和选择合适的标识符可以使代码更具有可读性和可维护性。

1．命名规则

标识符必须以字母（a～z 或 A～Z）、下画线（_）或美元符号（$）开头，后面可以跟随字母、数字（0～9）、下画线或美元符号。
标识符不能是 Java 关键字（保留字），如 int、public、class 等。
标识符区分大写与小写，即 myVar 和 MyVar 被视为不同的标识符。

2．命名约定

通常使用驼峰命名法来命名标识符，即除第一个单词外，其他单词的首字母大写，如 myVariable、calculateInterestRate。
类名应该以大写字母开头，并采用驼峰命名法，如 Car、Person。

方法名、变量名、包名和类成员名应该以小写字母开头，并采用驼峰命名法，如calculateInterest、myVariable。常量通常全部使用大写字母，单词之间用下画线分隔，如 MAX_VALUE、PI。

1.3.4 关键字和保留词

关键字是 Java 语言中预定义的具有特殊含义的单词，用于表示语言的语法结构和控制流程。关键字在 Java 编程语言中具有特定的用途，不能用作标识符（变量名、方法名、类名等）。保留词是 Java 语言中预留的目前没有特定用途的单词。尽管这些单词目前没有被 Java 语言使用，但被保留下来，以防将来可能会用作关键字。

（1）关键字：abstract、assert、boolean、break、byte、case、catch、char、class、const、continue、default、do、double、else、enum、extends、final、finally、float、for、if、implements、import、instanceof、int、interface、long、native、new、null、package、private、protected、public、return、short、static、strictfp、super、switch、synchronized、this、throw、throws、transient、try、void、volatile、while。

（2）保留词：goto、const。

本章小结

通过学习本章内容，读者可以初步了解 Java 的发展历史和 Java 的特点，掌握 Java 开发环境的安装和配置，以及如何使用 Java 编写程序，为后续学习打下良好的基础。

关键术语

Java 开发工具包（JDK）、Java 运行环境（JRE）、第一个 Java 程序（first Java program）

习题

1. 选择题

以下哪一个是合法的标识符？（　　）。

A．double　　　　　　B．3x$　　　　　　C．str@　　　　　　D．exam2e_

2. 问答题

简述 JDK、JRE 和 JVM 的区别。

3. 判断题（正确在括号中画"√"，错误在括号中画"×"）

static 和 this 不属于关键字。（　　）

第 2 章
数据类型和变量

【本章教学要点】

知 识 要 点	掌 握 程 度	相 关 知 识
数据类型	重点掌握	1. 基本数据类型 2. 引用数据类型
常量和变量	重点掌握	1. 常量概述 2. 常量的使用 3. 变量概述 4. 变量的使用
数据类型转换	重点掌握	1. 自动转换 2. 强制转换 3. 类型推断

【本章技能要点】

技 能 要 点	掌 握 程 度	应 用 方 向
基本数据类型和引用数据类型	重点掌握	1. 高性能计算 2. 内存控制 3. 大型应用开发
变量的使用和常量的使用	重点掌握	1. 配置管理 2. 算法和业务逻辑 3. 国际化处理
数据类型的转换	重点掌握	1. 数据类型兼容性 2. 算术运算 3. 方法调用 4. 数据存储

【导入案例】

假设有一家小镇书店,名为"编程书屋",如图 2-1 所示。这家书店售卖各种编程书籍,从入门级的 Java 到高级的算法设计,样样俱全。

在编程书屋工作的小明是一位喜欢学习编程的学生。有一天,书店经理让他负责整理书店里的书籍,并用计算机记录每本书的相关信息,如书名、作者、价格和库存量等。

小明开始进行这项工作,他发现每本书都有不同的属性需要记录,如书名、作者、价格、库存量。这些属性就像 Java 编程语言中的不同数据类型和变量。

小明用计算机上的一个简单程序记录这些信息。每当他输入一本书的信息时,程序就会帮助他保存并显示在屏幕上,就像把书放在书架上一样整洁有序。

图 2-1　编程书屋

从这个案例中可以引出以下问题：

（1）为什么需要不同的数据类型来保存信息？

小明需要使用不同的数据类型来存储不同种类的信息，如书名、作者、价格和库存量，以便程序能够正确处理和显示这些数据。

（2）什么是 Java 编程语言中常见的数据类型？

类比书店中的信息存储，Java 编程语言中常见的数据类型有整数型（int）、浮点型（double）、字符型（char）和字符串型（String）等。

（3）如何通过声明和使用变量来存储这些信息？

小明在程序中通过声明变量来存储每本书的信息，就像书店中每本书都有对应的位置一样，在 Java 编程语言中通过声明变量来存储不同数据类型的信息。

（4）如何利用 Java 程序处理和展示这些信息？

小明的程序能够根据他输入的信息，准确地保存和显示每本书的属性。Java 程序也能够根据不同的数据类型来操作和展示数据，如计算书店的总销售额或显示特定书籍的信息。

【课程思政】

（1）数据类型的选择与应用。

强调在编写程序时选择合适的数据类型的重要性。例如，整型数据可以用来表示人口数量、社会发展指标等与国家发展密切相关的数据。浮点型数据可以用来处理经济增长率、物价指数等关键经济数据，提高程序的运行效率和数据的准确性，体现高效服务社会的精神。

（2）变量的命名与规范。

引导学生在编写代码时恰当地命名变量，符合社会主义核心价值观对于"文明礼貌"的要求。例如，变量名应当清晰明了，不使用冒犯性词汇，体现对他人的尊重和关怀。

通过实例，让学生理解良好的编码规范能够提高代码的可读性和可维护性，同时传递社会正能量。

（3）程序设计中的公平正义。

引导学生思考在程序设计中如何体现社会主义核心价值观中的"公平正义"。例如，通过合理分配资源、避免数据泄露等方式，确保程序的公正性和公平性，探讨在社会中数据处理的公正性和透明性对社会稳定和发展的重要性，激发学生对社会责任感和公民意识的培养。

（4）Java在社会服务领域中的应用。

介绍Java在各种社会服务领域中的应用案例，如政府信息管理系统、社区服务平台等。强调 Java 程序员在开发这些系统时践行社会主义核心价值观中的"奉献精神"和"创新精神"，分析这些案例如何通过技术手段解决社会问题，如提高公共服务效率、优化资源配置等，培养学生的社会责任感和创新意识。

2.1 数据类型

2.1.1 基本数据类型

Java 的基本数据类型是用于存储基本值的简单数据类型。基本数据类型不是对象，在内存中直接存储值。Java 中的基本数据类型有以下几种。

1. 整数型

（1）字节型（byte）：8 位有符号整数，范围为-128 到 127。

（2）短整型（short）：16 位有符号整数，范围为-2^{15} 到 $2^{15}-1$。

（3）整型（int）：32 位有符号整数，范围为-2^{31} 到 $2^{31}-1$。

（4）长整型（long）：64 位有符号整数，范围为-2^{63} 到 $2^{63}-1$。

2. 浮点数型

（1）float：32 位 IEEE 754 单精度浮点型。

（2）double：64 位 IEEE 754 双精度浮点型。

3. 字符型

char：16 位 Unicode 字符，范围是'\u0000'（0）到'\uffff'（65535）。

4. 布尔型

boolean：表示 true 或 false 的值。

2.1.2 引用数据类型

Java 的引用数据类型是指除基本数据类型外的所有数据类型。这些引用数据类型包括类、接口、数组、枚举，以及其他用户自定义的数据类型。

2.2 常量和变量

2.2.1 常量概述

常量是指一旦赋予初始值就不能改变的变量。Java 中的常量可以分为两种主要类型，即字面常量和符号常量。

1. 字面常量

（1）整数常量：如 123、-456。
（2）浮点数常量：如 3.14、-0.001。
（3）字符常量：使用单引号括起来的单个字符，如'A'、'1'和'$'。
（4）字符串常量：使用双引号括起来的字符序列，如"Hello"和"Java"。
（5）布尔常量：true 和 false。
（6）空常量：null。

2. 符号常量

符号常量也称为命名变量。

（1）符号常量是通过关键字 final 定义的常量，一旦赋值后就不能修改。符号常量通常在程序中被用来表示不会改变的值，以提高代码的可读性和可维护性。

（2）在使用常量时，通常使用关键字 final 来定义常量，以确保其值在定义后不会被修改。使用常量可以有效地避免代码中出现魔术数（magic numbers）或硬编码的情况，增强代码的可维护性和可读性。

2.2.2 常量的使用

在定义常量时需要注意的是，一旦赋值就不能修改。

【例 2-1】编写一个简单的 Java 程序，输出一些常量数据显示到控制台，代码如下：

```java
public class ConstantVariableDemo01 {
    public static void main(String[ ] args) {
        //1.定义字面常量
            //定义整数常量
        System.out.println(123);
            //定义浮点数常量
        System.out.println(3.14);
            //定义字符常量
        System.out.println('A');
            //定义字符串常量
        System.out.println("hello");
            //定义布尔常量
        System.out.println(true);
        System.out.println(false);
```

```
            //定义空常量
        //2.定义符号常量【命名常量】
        final int MAX_SIZE=300;
        System.out.println(MAX_SIZE);
    }
}
```

程序运行结果，如图 2-2 所示。

```
D:\JavaSoftwareInstallation\jdk1.8\bin\java.exe ...
123
3.14
A
hello
true
false
300
```

图 2-2　程序运行结果

根据上述代码，当程序运行时，应该在控制台上显示常量数据。

2.2.3　变量概述

在 Java 编程语言中，变量是指在程序中用来存储数据的容器。变量在程序执行过程中可以被赋予不同的值，并且可以根据需要进行修改。Java 中的变量可以分为以下几种类型。

1．局部变量

（1）局部变量被声明在方法、构造方法或语句块中。
（2）局部变量在方法执行时被创建，在方法执行结束时被销毁。
（3）局部变量在声明时需要初始化，否则编译器会报错。

2．成员变量

（1）成员变量被声明在类中，但在方法之外。
（2）成员变量在对象创建时被分配内存，每个对象的成员变量拥有独立的副本。
（3）成员变量可以被类中的任何方法、构造方法或块访问。

3．类变量

（1）类变量也被声明在类中，但使用关键字 static 修饰。
（2）类变量属于类，而不是属于类的任何单个实例。
（3）所有对象共享一个类变量的副本。

2.2.4　变量的使用

在 Java 编程语言中，变量需要先声明后使用，并且在使用前必须初始化。变量的作用域决定了变量在程序中的可见范围。局部变量的作用域在其声明的块内，而成员变量和类变量的作用域在整个类内可见。

【例 2-2】编写一个简单的 Java 程序，输出一些变量数据显示到控制台，代码如下：

```java
public class ConstantVariableDemo02 {
    //定义成员变量
    int a=20;
    //定义类变量
    static int c=30;
    public static void main(String[ ] args) {
        //局部变量
        int b=10;
        c++;
    }
}
```

根据上述代码，在程序执行过程中，控制台应该显示变量数据。这些变量数据可能涉及作用域问题，包括局部变量和全局变量。例如，变量 a 是一个全局变量，而变量 b 则是一个局部变量。

2.3 数据类型转换

在 Java 编程语言中，数据类型转换是指将一个数据类型的值转换为另一个数据类型的值的过程。这在编程中经常需要，特别是当你需要将一个类型的数据赋值给另一种类型的变量，或者进行算术运算时。Java 的数据类型转换有两种，即自动转换和强制转换。

2.3.1 自动转换

1．自动转换的概念

自动转换也称为隐式转换，是自动完成的。编译器可以自动将较小的数据类型转换为较大的数据类型，以便操作。

2．自动转换的规则

当把一种数据类型赋值给另一种数据类型时，如果两种数据类型兼容，且目标数据类型的范围大于源数据类型的范围，编译器就会自动进行转换。

3．自动转换的注意事项

自动转换是指编译器在不需要任何特殊指令的情况下自动进行的数据类型转换。它发生在目标数据类型的范围大于源数据类型范围的情况下，保证数据不会丢失。

（1）从小范围到大范围的转换。Java 中的数值按大小可以分为 byte、short、int、long、float、double 几种类型，其中按大小顺序从左到右递增。自动类型转换按照以下规则进行：byte→short→int→long→float→double。

（2）char 类型可以自动转换为 int 类型，因为 char 类型实际上是 Unicode 码点的一个范围。

4. 自动转换的使用

【例 2-3】编写一个简单的 Java 程序，使用自动转换规则实现数据类型的转换，将转换之后的数据显示到控制台，代码如下：

```java
/**
 * 数据类型的转换
 */
public class ConstantVariableDemo03 {
    public static void main(String[ ] args) {
        //定义变量
        int a=10;
        //将 int 类型转换为 double 类型
        double d=a;
        System.out.println(d);
        //将 int 类型转换为 float 类型
        float f=a;
        System.out.println(f);
        //将 int 类型转换为 long 类型
        long l=a;
        System.out.println(l);
        //如果涉及运算时，int 类型乘以 double 类型，先将数据转换为 double 类型
        double d1=a*0.3;
        System.out.println(d1);
    }
}
```

程序运行结果，如图 2-3 所示。

图 2-3　程序运行结果

在上述代码中，使用自动转换规则实现数据类型的转换，自动将较小的数据类型转换为较大的数据类型。

2.3.2　强制转换

1. 强制转换的概念

强制转换也称为显式转换，需要手动完成，通常用于将一个数据类型强制转换为另一个数据类型。

2. 强制转换的规则和注意事项

（1）需要使用强制类型转换运算符。

（2）可能导致数据丢失或溢出，因此需要谨慎使用，确保转换的数据在目标类型的范围内。例如，将一个大范围的整数类型转换为一个小范围的整数类型时，如果超出目标类型的范围，就会发生溢出，得到的结果可能不符合预期。

3．强制转换的使用

【例 2-4】编写一个简单的 Java 程序，使用强制转换规则实现数据类型的转换，将转换之后的数据显示到控制台，代码如下：

```java
/**
 * 强制转换案例
 */
public class ConstantVariableDemo04 {
    public static void main(String[ ] args) {
        //定义 double 类型
        double d1=80.3;
        //定义 float 类型
        float f1=50.3f;
        int d2=(int)d1;
        int f2=(int)f1;
        System.out.println(d2);
        System.out.println(d1);
    }
}
```

程序运行结果，如图 2-4 所示。

```
D:\JavaSoftwareInstallation\jdk1.8\bin\java.exe ...
80
80.3
```

图 2-4　程序运行结果

在上述代码中，使用强制转换规则实现数据类型的转换，当程序运行时，应该在控制台上显示转换之后的数据。

2.3.3　类型推断

1．类型推断的概念

Java 10 引入了局部变量类型推断（local variable type inference），这是一种语言功能，允许在声明局部变量时，使用关键字 var 进行类型推断。这种特性使编码更为简洁和灵活，同时保持了 Java 的静态类型特性。

2．类型推断的使用方法

在 Java 编程语言中，可以使用关键字 var 来进行局部变量的类型推断。这意味着在声明局部变量时，可以使用关键字 var 替代显式声明变量类型。编译器会根据变量的初始化表达式推断出变量的实际类型。

3．类型推断的使用

【例 2-5】编写一个简单的 Java 程序，使用关键字 var 进行类型推断，将推断数据显示到控制台，代码如下：

```java
import java.util.ArrayList;

/**
 * 类型推断
 */
public class ConstantVariableDemo05 {
    public static void main(String[ ] args) {
        var list = new ArrayList<String>( );
        var str="hello world";
    }
}
```

在上述代码中，程序运行时，将推断数据显示到控制台。

4．类型推断的注意事项

（1）初始值必须存在。关键字 var 只能用于局部变量的声明，并且变量必须在声明时进行初始化，这样编译器才能推断出实际类型。

（2）不影响 Java 的静态类型。即使使用关键字 var 进行类型推断，实际上编译后的代码仍然是静态类型的。即使推断出了特定类型，编译后的字节码中也会包含具体的类型信息，不会影响 Java 的静态类型特性。

（3）推断范围。类型推断的范围限定在局部变量声明中，不适用于方法参数、方法返回类型、字段声明等其他地方。

（4）可读性与可维护性。虽然关键字 var 可以使代码更简洁，但过度使用会降低代码的可读性和可维护性，应该合理使用，确保代码清晰易懂。

（5）必须是 JDK 10 以上（包含 10）的版本，才能使用关键字 var。

本章小结

在 Java 编程语言中，数据类型、变量和常量是基础且核心的概念。它们为程序提供了数据存储、处理和管理的基础结构。Java 的数据类型分为两大类——基本数据类型和引用数据类型。基本数据类型用于存储基本的数值数据，每种数据类型在内存中占用的空间大小是固定的，这样可以提高程序的执行效率。引用数据类型是指那些不直接存储数据，而是存储对数据的引用（地址）的类型，如类、接口、数组等。引用数据类型可以动态分配内存空间，并且在运行时可以根据需要动态改变大小。在 Java 编程语言中，变量用于存储数据值，并且具有特定的数据类型。变量的声明包括变量的类型和名称。

关键术语

数据类型、基本数据类型、字节型（byte）、短整型（short）、整型（int）、长整型（long）、单精度浮点型（float）、双精度浮点型（double）、字符型（char）、布尔型（boolean）、引用数据类型

习题

1. 选择题

在 Java 编程语言中，数据类型值中不可能出现的符号是（ ）。

A. d　　　　　　B. f　　　　　　C. E　　　　　　D. /

2. 问答题

基本数据类型有几种？分别是什么？

3. 判断题（正确在括号中画"√"，错误在括号中画"×"）

long 类型属于短整型数据。（ ）

实际操作训练

请手写以下格式的个人信息 Java 代码（变量先存储）：

Name: Mary	Post: HR Director
Sex: female	Age: 28
Tel: 180765846389	Adress:DaTun road no. 6,haidian,Beijing

第 3 章 运算符

【本章教学要点】

知 识 要 点	掌握程度	相 关 知 识
算术运算符	重点掌握	1．加减乘除运算符 2．取模运算符 3．自增和自减运算符 4．总结算术运算符
赋值运算符	重点掌握	赋值运算符
关系运算符	重点掌握	1．关系运算符概述 2．关系运算符的注意事项 3．关系运算符的使用
逻辑运算符	重点掌握	逻辑运算符
位运算符	熟悉	1．位运算符概述 2．位运算符的类型 3．位运算符的注意事项 4．位运算符的使用
三元运算符	重点掌握	1．三元运算符概述 2．三元运算符的语法 3．三元运算符的特点 4．三元运算符的注意事项 5．三元运算符的使用
运算符的优先级	了解	运算符的优先级

【本章技能要点】

技 能 要 点	掌握程度	应 用 方 向
取模运算符和自增、自减运算符	重点掌握	1．循环控制 2．简化计数器 3．前缀与后缀 4．避免重复计算
是否相等和大小比较	重点掌握	1．基本数据类型比较 2．对象类型比较 3．泛型类型比较
逻辑或、与非和短路或、与	重点掌握	1．条件组合 2．短路特性
基本赋值和复合赋值	重点掌握	1．基本赋值 2．对象引用赋值
三元运算符	重点掌握	1．多个三元运算符的嵌套 2．替代短路逻辑

【导入案例】

Java 运算符如同编程语言的魔法工具箱，为程序员提供了丰富的功能和灵活的操作方式。它们不仅是简单的数学运算工具，还是控制逻辑和数据流的重要工具。

（1）算术运算符是最基础的一类，通过加、减、乘、除和取模等运算，使程序能够处理各种数学计算问题。例如，通过运算符"+"和"–"，我们可以对整数或浮点数进行加减操作；运算符"*"用于乘法，运算符"/"用于除法，而运算符"%"则可以求得两个数相除的余数。这些运算符使程序能够进行复杂的数值计算。

（2）赋值运算符是将右侧表达式的值赋给左侧变量的核心机制。简单的赋值运算符"="是最基本的形式。例如，int x = 10，将整数值 10 赋给变量 x。而复合赋值运算符，如"+=""–=""*=""/="和"%="则允许我们在赋值的同时进行运算。例如，x+= 5，相当于 x = x + 5。这些赋值操作使变量可以根据程序的逻辑进行动态更新。

（3）比较运算符和逻辑运算符帮助程序员进行条件判断和逻辑操作。例如，比较运算符"==""!=""<"">""<="">="可以用于比较两个值的大小关系，返回布尔值 true 或 false。逻辑运算符"&&"（逻辑与）、"||"（逻辑或）和"!"（逻辑非）则用于组合和改变布尔表达式的值，使程序能够根据不同的逻辑条件执行不同的代码块。

（4）位运算符则是在二进制位级别上进行操作，对特定的位进行与、或、异或和取反等操作，常用于底层系统编程或性能优化方面。

（5）条件运算符（三元运算符）提供了一种简捷的方式，可以根据条件选择执行不同的表达式，如"condition? expression1: expression2"，这对简化代码逻辑和提升代码可读性非常有帮助。

总之，Java 的运算符如同编程语言的精灵，对其灵活运用，可以使程序员轻松处理各种数据操作和逻辑控制，创造出更加强大和高效的程序。

【课程思政】

（1）严谨性与准确性。

Java 运算符的使用需要严格遵循语法规则和逻辑，这有助于培养学生在编程中养成严谨的工作态度，对待工作任务一丝不苟，确保结果的正确性和可行性。

（2）逻辑思维与问题解决。

通过理解和运用不同的运算符来解决编程问题，可以锻炼学生的逻辑思维能力。这种思维能力在面对各种复杂的社会问题和挑战时同样重要，有助于学生以理性、系统的方式分析和解决问题。

（3）创新与探索精神。

鼓励学生尝试不同的运算符组合和应用场景，培养创新意识。在当今科技快速发展的时代，创新是推动进步的关键，培养学生敢于探索、勇于创新的精神，为解决社会中的新问题提供新思路。

（4）团队合作与交流。

在学习过程中，组织学生进行小组讨论和项目合作，让学生明白运算符的正确使用需要团队成员之间的有效沟通和协作。这有助于培养学生的团队合作精神，使学生学会在集体中发挥自己的优势，共同达成目标。

（5）社会责任与道德规范。

强调在编程中遵循道德和法律规范，如不使用运算符进行非法或不道德的数据操作；引导学生认识到在技术应用中要遵守社会公德和法律法规，以负责任的态度用技术为社会创造价值。

3.1 算术运算符

Java 的算术运算符是用于执行基本数学运算的特殊符号，用于操作整数和浮点数类型的数据。

3.1.1 加减乘除运算符

1．加法运算符"+"

（1）用于将两个操作数相加。

（2）可以用于整数相加、浮点数相加，也可以用于字符串连接（字符串拼接）。

2．减法运算符"-"

（1）用于从左操作数中减去右操作数。

（2）适用于整数和浮点数。

3．乘法运算符"*"

（1）用于将两个操作数相乘。

（2）可以用于整数乘法、浮点数乘法。

4．除法运算符"/"

（1）用于将左操作数除以右操作数。

（2）若操作数为整数，将是整数除法；若至少有一个操作数为浮点数，将是浮点数除法。

【例 3-1】编写一个简单的 Java 程序，根据用户输入的两个操作数和运算符，将输出的结果显示到控制台，代码如下：

```java
/**
 * 加减乘除案例
 */
public class OperatorDemo01 {
    public static void main(String[ ] args) {
        //定义变量
        int a=10;
        int b=20;
        double g=10.05;
        //输入加法
        int c=a+b;
        System.out.println("c="+c);
        //输入减法
```

```java
            int d=b-a;
            System.out.println("d="+d);
            //输入乘法
            int e=a*b;
            System.out.println("e="+e);
            //输入除法
            int f=b/a;
            System.out.println("f="+f);
            //处理浮点类型的运算
            double v = b + g;
            System.out.println("v="+v);
    }
}
```

程序运行结果，如图 3-1 所示。

```
D:\JavaSoftwareInstallation\jdk1.8\bin\java.exe ...
c=30
d=10
e=200
f=2
v=30.05
```

图 3-1　程序运行结果

根据上述代码，可以实现基本的加法、减法、乘法和除法运算，能够处理整数和浮点数运算。

3.1.2　取模运算符

取模运算符"%"是一种数学运算符，在很多编程语言中得到应用，它主要用于计算两个数相除的余数。

【例 3-2】编写一个简单的 Java 程序，根据用户输入的两个操作数，将输出的结果显示到控制台，代码如下：

```java
/**
 * 取模运算案例
 */
public class OperatorDemo02 {
    public static void main(String[ ] args) {
        //定义变量
        int a=10;
        int b=5;
        double   d=3.14;
        int e=a%b;
        System.out.println("e="+e);
        double v = d % a;
        System.out.println("v="+v);
    }
}
```

程序运行结果，如图 3-2 所示。

```
D:\JavaSoftwareInstallation\jdk1.8\bin\java.exe ...
e=0
v=3.14
```

图 3-2　程序运行结果

根据上述代码，可以实现基本的取模运算，能够处理整数和浮点数运算。

3.1.3　自增和自减运算符

（1）"++"用于增加操作数的值，并返回递增后的值。
（2）"--"用于减少操作数的值，并返回递减后的值。
（3）可以作为前缀（++i、--i）或后缀（i++、i--）使用，前缀形式会先进行增减操作再进行表达式的其他计算，后缀形式则相反。

【例 3-3】编写一个简单的 Java 程序，根据用户输入的两个操作数，将输出的结果显示到控制台，代码如下：

```java
public class OperatorDemo03 {
    public static void main(String[ ] args) {
        //定义变量
        int num1=5;
        //实现自增操作
        num1++;
        System.out.println("num1="+num1);
        int num=num1++ +20;
        System.out.println("num1="+num1);
        System.out.println("num="+num);
        int num2=++num1+20;
        System.out.println("num1="+num1);
        System.out.println("num2="+num2);
        num1--;
        System.out.println(num1);
    }
}
```

程序运行结果，如图 3-3 所示。

```
D:\JavaSoftwareInstallation\jdk1.8\bin\java.exe ...
num1=6
num1=7
num=26
num1=8
num2=28
7
```

图 3-3　程序运行结果

在上述代码中，程序进行自增或自减运算后输出结果。

3.1.4 总结算术运算符

算术运算符可以用于各种数学计算和程序逻辑，Java 语言对这些运算符的处理方式通常符合数学预期，但程序员需要注意整数溢出和除零错误等边界条件。在使用算术运算符时，应该根据需要选择合适的数据类型（如 int、double 等）以及合理的计算顺序来确保程序的正确性和性能。表 3-1 为算术运算符总结表。

表 3-1 算术运算符总结表

算术运算符	运算规则	范例	结果
+	正号	+3	3
+	加	2+3	5
+	连接字符串	"喜"+"欢"	"喜欢"
-	负号	int a=3;-a	-3
-	减号	3-1	2
*	乘号	2*3	6
/	除号	6/2	3
%	取模	7%2	1
++	自增	int a=1;a++/++a	2
--	自减	int b=3;b--/--b	2

3.2 赋值运算符

赋值运算符是为变量赋值的符号，赋值运算符可以是简单赋值，也可以是复合赋值，如表 3-2 所示。

表 3-2 赋值运算符总结表

运算符	运算规则	实例	结果
=	赋值	int zpark=3	3
+=	加后赋值	int zpark=3,zpark+=2	5
-=	减后赋值	int zpark=3,zpark-=2	1
*=	乘后赋值	int zpark=3,zpark*=2	6
/=	整除后赋值	int zpark=3,zpark/=2	1
%=	取模后赋值	int zpark=3,zpark%=2	1

【例 3-4】编写一个简单的 Java 程序，根据定义的变量赋值，输出不同的结果，代码如下：

```
/**
 * 使用赋值运算符的案例
 */
```

```java
public class OperatorDemo07 {
    public static void main(String[ ] args) {
        //定义变量
        int zpark=3;
        System.out.println(zpark);
        zpark+=3;
        System.out.println(zpark);
        zpark-=3;
        System.out.println(zpark);
        zpark*=3;
        System.out.println(zpark);
        zpark/=3;
        System.out.println(zpark);
        zpark%=3;
        System.out.println(zpark);
    }
}
```

程序运行结果，如图 3-4 所示。

```
D:\JavaSoftwareInstallation\jdk1.8\bin\java.exe ...
3
6
3
9
3
0
```

图 3-4　程序运行结果

在上述代码中，程序使用赋值运算符实现结果，将结果显示到控制台。

3.3　关系运算符

3.3.1　关系运算符概述

关系运算符用于比较两个值之间的关系，通常返回一个布尔值（true 或 false），表示比较的结果是否成立，如表 3-3 所示。

表 3-3　关系运算符总结表

关系运算符	运算规则	运算含义	范　　例
==	等于	检查两个操作数是否相等	a == b
!=	不等于	检查两个操作数是否不相等	a != b
>	大于	检查左操作数是否大于右操作数	a > b
<	小于	检查左操作数是否小于右操作数	a < b
>=	大于或等于	检查左操作数是否大于或等于右操作数	a >= b
<=	小于或等于	检查左操作数是否小于或等于右操作数	a <= b

3.3.2 关系运算符的注意事项

（1）关系运算符通常用于基本数据类型之间的比较，如整数、浮点数等。

（2）关系运算符的结果是布尔值，即 true 或 false。

（3）关系运算符可以通过逻辑运算符［如逻辑与（&&）、逻辑或（||）、逻辑非（!）］将多个关系表达式组合起来进行复杂的逻辑判断。

3.3.3 关系运算符的使用

【例 3-5】编写一个简单的 Java 程序，根据用户输入的两个操作数进行运算并将输出的结果显示到控制台，代码如下：

```java
/**
 * 关系运算符的案例
 */
public class OperatorDemo04 {
    public static void main(String[ ] args) {
        //定义变量
        int a=10;
        int b=20;
        //使用关系运算符进行比较
        boolean isEqualTest=(a == b);
        boolean notEqualTest=(a != b);
        boolean greaterThanTest=(a > b);
        boolean lessThanTest=(a < b);
        boolean greaterThanOrEqualTest=(a >= b);
        boolean lesshanOrEqualTest=(a <= b);
        //输出比较的结果
        System.out.println("a == b: "+isEqualTest);
        System.out.println("a != b: "+notEqualTest);
        System.out.println("a > b: "+greaterThanTest);
        System.out.println("a < b: "+lessThanTest);
        System.out.println("a >= b: "+greaterThanOrEqualTest);
        System.out.println("a <= b: "+lesshanOrEqualTest);
    }
}
```

程序运行结果，如图 3-5 所示。

```
D:\JavaSoftwareInstallation\jdk1.8\bin\java.exe ...
a == b: false
a != b: true
a > b: false
a < b: true
a >= b: false
a <= b: true
```

图 3-5 程序运行结果

在上述代码中，程序使用关系运算符来比较两个数的大小。

3.4 逻辑运算符

逻辑运算符用于在布尔类型的操作数上执行逻辑运算。Java 支持三种主要的逻辑运算符，即逻辑与（&&）、逻辑或（||）、逻辑非（!），如表 3-3 所示。

表 3-4　逻辑运算符总结表

逻辑运算符	运算规则	运算含义	范　例
&&	逻辑与	用于连接两个布尔表达式，并且仅当两个表达式都为真时结果为真	expr1=true expr2=false expr1 && expr2
||	逻辑或	用于连接两个布尔表达式，只要有一个表达式为真，结果就为真	expr1=true expr2=false expr1 || expr2
!	逻辑非	用于反向判断	expr1=true expr2=false !expr1 !expr2

【例 3-6】编写一个简单的 Java 程序，根据用户输入定义变量，使用逻辑运算符运行，然后输出结果，代码如下：

```java
/**
 * 逻辑运算符的案例
 */
public class OperatorDemo05 {
    public static void main(String[ ] args) {
        //定义变量
        boolean bzpark=20>10;
        //定义变量
        boolean bzpark01=false;
        //输出结果为：false
        System.out.println(bzpark&&bzpark01);
        //输出结果为：true
        System.out.println(bzpark||bzpark01);
        //输出结果为：true
        System.out.println(!bzpark01);
        //输出结果为：true
        System.out.println(bzpark&&20>10);
        /使用"=="作为判断
        System.out.println(!bzpark01==bzpark);
    }
}
```

程序运行结果，如图 3-6 所示。

```
D:\JavaSoftwareInstallation\jdk1.8\bin\java.exe ...
false
true
true
true
true
```

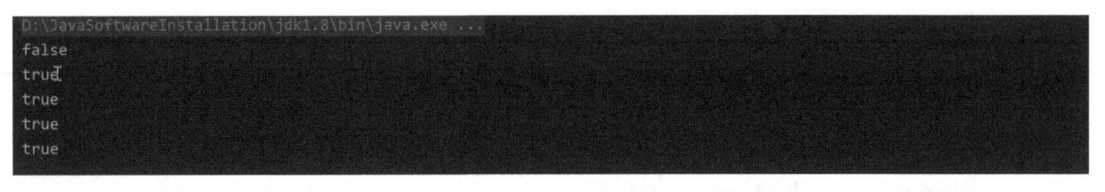

图 3-6　程序运行结果

在上述代码中，程序通过运用逻辑运算符来得出结果，其中"="用于赋值，而"=="用于判断。

3.5　位运算符

3.5.1　位运算符概述

位运算符是 Java 中用于直接对整数的二进制位进行操作的一组运算符。它们不仅可以提供高效的计算能力，还可以用于实现各种底层操作。

3.5.2　位运算符的类型

（1）按位与（&）：若两个操作数都为 1，则结果都为 1，否则为 0。
（2）按位或（|）：若两个操作数其中有一个为 1，则结果为 1，否则为 0。
（3）按位异或（^）：若两个操作数的每一位相同，则结果为 0，否则为 1。
（4）按位反（~）：若操作数每一位取反，则 0 变成 1，1 变成 0。
（5）左移（<<）：若将一个操作数的二进制位向左移动指定的位数，则右侧为 0 填充，相当于乘以 2 的移位次数的次方。
（6）右移（>>）：若将一个操作数的二进制位向右移动指定的位数，则左侧根据符号填充，整数用 0 填充，负数用 1 填充。
（7）无符号右移（>>>）：若将一个操作数二进制位向右移动指定的位数，则左侧始终用 0 填充，与符号无关。

3.5.3　位运算符的注意事项

（1）位运算符仅适用于字节类型（byte）、短整型（short）、整型（int）、长整型（long）数据。
（2）如果对负数执行位运算，就需要关注与补码表示的关系。
（3）重点关注数据溢出时的情况，特别是在进行左移操作时。

3.5.4　位运算符的使用

【例 3-7】编写一个简单的 Java 程序，根据定义的变量和不同的条件，显示不同的结果，代码如下：

```java
/**
 * 位运算符的案例
 */
public class OperatorDemo06 {
    public static void main(String[ ] args) {
        //定义变量
        int a1=4;                              //二进制为 100
        int b1=2;                              //二进制为 10
        int result1=a1 & b1;                   //二进制是 000
        System.out.println("a & b = "+result1); //最后结果 0
    }
}
```

程序运行结果，如图 3-7 所示

```
D:\JavaSoftwareInstallation\jdk1.8\bin\java.exe ...
a & b = 0
```

图 3-7　程序运行结果

在上述代码中，程序使用位运算符实现结果，将结果显示到控制台。

3.6　三元运算符

3.6.1　三元运算符概述

在 Java 编程语言中，三元运算符是唯一的一种三元操作符，也称为条件运算符。它使用问号（?）和冒号（:）来对两个表达式进行条件判断，并根据条件的真假返回其中一个表达式的值。

3.6.2　三元运算符的语法

condition ? expression1 : expression2

小贴士
condition 是一个布尔表达式，若为真，则返回 expression1 的值；若为假，则返回 expression2 的值。

3.6.3　三元运算符的特点

1．简洁性

与 if-else 语句相比，三元运算符可以在一行中实现条件判断和赋值操作，使代码更加简洁。

2. 类型要求比较严格

条件表达式必须是布尔类型，而结果可以是任意类型的表达式，但它们的类型必须兼容或可以自动转换。

3.6.4 三元运算符的注意事项

1. 可读性

过度使用三元运算符可能会降低代码的可读性，因此应该谨慎使用。

2. 空值性

如果使用三元运算符，就要确保表达式 1 和表达式 2 都不会返回空值 null，否则可能造成空指针异常。

3.6.5 三元运算符的使用

【例 3-8】编写一个简单的 Java 程序，根据不同的变量定义（分别是：a=20;b=30;），根据不同的条件，显示不同的结果，代码如下：

```java
/**
 * 三元运算符的案例
 */
public class OperatorDemo08 {
    public static void main(String[ ] args) {
        int a=20;
        int b=30;
        int max=(a>b)?a:b;
        System.out.println("显示较大的数为："+max);
    }
}
```

程序运行结果，如图 3-8 所示。

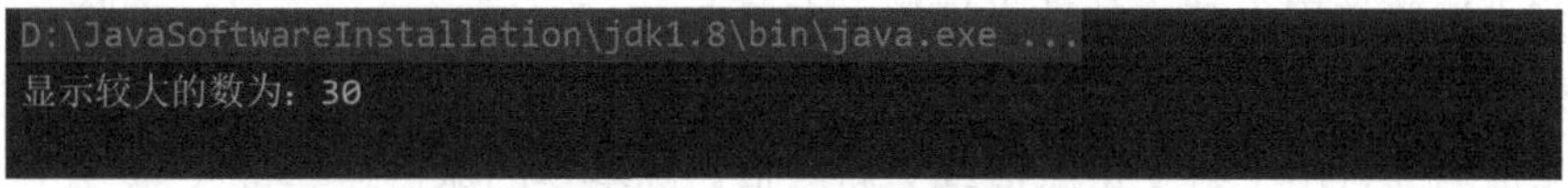

```
D:\JavaSoftwareInstallation\jdk1.8\bin\java.exe ...
显示较大的数为：30
```

图 3-8　程序运行结果

在上述代码中，程序通过三元运算符来确定结果，并将该结果输出到控制台。具体来说，表达式"a > b"作为判断条件：当条件为真（true）时，输出变量 a 的值；反之，当条件为假（false）时，输出变量 b 的值。

3.7　运算符的优先级

在学习运算符的过程中，我们不难发现，当多个运算符一起使用时，容易出现先后运算顺序的问题。运算符之间的运算优先级，如表 3-4 所示。

表 3-5　运算符之间的运算优先级

优 先 级	名　　称	运　算　符
1	括号	()、[ ]
2	正号、负号	+、-
3	自增、自减、非	++、--、!
4	乘、除、取余	*、/、%
5	加、减	+、-
6	移位运算	<<、>>、>>>
7	大小关系	>、>=、<、<=
8	相等关系	==、!=
9	按位与	&
10	按位异或	^
11	按位或	|
12	逻辑与	&&
13	逻辑或	||
14	条件运算	?:
15	赋值运算	=、+=、-=、*=、/=、%=
16	位赋值运算	&=、|=、<<=、>>=、>>>=

本章小结

在 Java 编程语言中，运算符是用于执行各种数学、逻辑和位操作的关键工具。Java 运算符可以分为几大类别——算术运算符、赋值运算符、关系运算符、逻辑运算符、位运算符和条件运算符。

（1）算术运算符用于基本的数学运算，包括加（+）、减（-）、乘（*）、除（/）和取模（%）。它们按照通常的数学优先级进行计算，乘法和除法的优先级高于加法和减法。

（2）赋值运算符用于给变量赋值或更新其值。除基本的赋值运算符（=）外，还有复合赋值运算符（如+=、-=等），结合了算术运算和赋值操作。

（3）关系运算符用于比较两个值的关系，如小于（<）、大于（>）、小于或等于（<=）、大于或等于（>=）、等于（==）和不等于（!=）。它们经常用于条件语句和循环控制中。

（4）逻辑运算符包括逻辑与（&&）、逻辑或（||）和逻辑非（!），用于执行布尔逻辑操作。逻辑运算符具有短路求值的特性，可以提高程序的执行效率。

（5）位运算符用于对整数的二进制位进行操作，如按位与（&）、按位或（|）、按位异或（^）、按位反（~）、左移（<<）、右移（>>）和无符号右移（>>>）。位运算符在处理位级别的数据操作和性能优化时非常有用。

（6）条件运算符是 Java 中唯一的三元运算符，根据条件的真假返回两个值中的一个，常用于简单的条件赋值。

综上所述，理解和掌握这些运算符的优先级和使用方法对开发 Java 程序至关重要。合理利用运算符不仅可以简化代码逻辑，提高代码的可读性和可维护性，还可以确保程序在执行时按照预期进行数学和逻辑运算。

关键术语

算术运算符（arithmetic operators）、赋值运算符（assignment operators）、关系运算符（relational operators）、逻辑运算符（logical operators）、位运算符（bitwise operators）、条件运算符（conditional operator）

习题

1. 选择题

下列程序段执行后 b3 的结果是（　　）。

```
boolean b1 = true, b2 = false, b3;
b3 = b1 ? b1 : b2;
```

A．0　　　　　　B．1　　　　　　C．true　　　　　D．false

2. 问答题

简要描述 Java 中的逻辑运算符。

3. 判断题（正确在括号中画"√"，错误在括号中画"×"）

在 Java 编程语言中，逻辑与运算符（&&）的优先级高于逻辑或运算符（||）。（　　）

实际操作训练

编写一个程序，根据矩形的长 length=6.9 m（float 类型）和 width=10 m（int 类型），计算矩形周长和面积。（请在周长和面积的值后面加上它们的单位"m"和"m^2"。周长必须为 float 类型，面积必须为 int 类型。周长=2*（长+宽）；面积=长*宽）

第 4 章
流程控制语句

【本章教学要点】

知识要点	掌握程度	相关知识
顺序结构	掌握	1. 顺序结构的定义 2. 顺序结构的特点 3. 顺序结构的使用
分支结构	掌握	1. 分支结构的定义 2. 分支结构的分类 3. 分支结构的特点 4. 分支结构的使用
循环结构	重点掌握	1. 循环结构的定义 2. 循环结构的分类 3. 循环结构的特点

【本章技能要点】

技能要点	掌握程度	应用方向
顺序结构在 Java 编程语言中的应用	掌握	1. Web 开发 2. 移动端开发 3. 桌面开发
if 语句和 switch-case 语句	掌握	1. Web 开发 2. 移动端开发 3. 桌面开发
for、while、do-while 循环语句	重点掌握	1. 应用开发 2. Web 开发 3. 桌面开发 4. 大数据开发
控制流程的中断和跳转	重点掌握	1. 应用开发 2. Web 开发 3. 桌面开发 4. 大数据开发 5. 游戏开发

【导入案例】

在编程的奇幻国度里有一个充满挑战与乐趣的章节，它被誉为构建逻辑城堡的基石——控制流程。今天让我们通过一个引人入胜的故事，踏上这段探索之旅。

故事发生在一个名为"智慧森林"的神秘之地，这里居住着各种编程精灵，它们掌握着不同的编程技能。主人公小明是一位对编程充满好奇的年轻探险家,听闻智慧森林中藏有控制流程的奥秘,便决定踏上征程,寻找能够打开复杂问题之锁的钥匙。

小明穿越茂密的森林,遇到了第一位精灵——条件精灵。它手持一把名为"if-else"的魔杖,能够根据不同的情况施展不同的魔法。小明亲眼见证了条件精灵如何根据天气变化(晴天、雨天或阴天),用魔杖指挥森林中的花朵绽放出不同的色彩。这一幕深深启发了小明,原来通过条件判断,可以让程序拥有智能决策的能力。

随后,小明遇到了循环精灵,它拥有一条名为"while"的神奇项链,只要戴上它,就能让动作无限重复,直到满足某个条件为止。循环精灵展示了如何利用这项能力,帮助森林中的小动物收集足够的果实过冬。小明意识到循环是处理重复任务、实现复杂逻辑的强大工具。

在智慧森林的深处,小明还遇到了更多掌握控制流程魔法的精灵,它们各自展示了选择结构、跳转语句等神奇技能。每一次和编程精灵相遇,都让小明对编程世界有了更深的理解和热爱。

最终,小明满载而归,不仅学会了控制流程的精髓,还收获了与编程精灵珍贵的友谊。他深知,控制流程是编写高效、灵活程序的基石,而这场奇幻之旅只是他编程生涯精彩篇章的开始。

【课程思政】

(1)逻辑思维训练。

让学生通过对条件判断、循环等的学习,强化严谨思考与解决问题的能力,培养理性思维。

(2)职业道德塑造。

引导学生理解代码背后的责任与影响,培养诚信、负责的职业态度。

(3)团队协作意识。

让学生在共同完成项目中学会沟通协作,增强集体荣誉感与社会责任感。

以上三者相辅相成,共筑德才兼备的信息技术人才之路。

4.1 顺序结构

4.1.1 顺序结构的定义

顺序结构是指程序按照代码的顺序执行,即从上到下依次执行。

4.1.2 顺序结构的特点

1. 简单性

实现起来非常简单,不需要使用特殊的语法或关键字。

2. 直观性

顺序结构的执行顺序与代码的书写顺序一致,这使代码的逻辑直观易懂。

3. 确定性

每条语句只执行一次，且执行顺序是确定的，不会出现跳转或重复执行的情况。

4. 无条件性

顺序结构的执行不依赖任何条件判断，不会因为条件成立与否而改变执行顺序。

5. 基础性

顺序结构是学习和理解更复杂控制结构（如选择结构和循环结构）的基础。

6. 适用性

顺序结构适用于执行一系列不依赖条件判断的独立操作。

4.1.3 顺序结构的使用

【例 4-1】使用基本的顺序结构，实现两个数字相加求和，代码如下：

```java
public class SequenceDemo {
    public static void main(String[ ] args) {
        int a = 5;            //声明并给变量 a 赋值
        int b = 10;           //声明并给变量 b 赋值
        int sum = a + b;      //计算 a 和 b 的加和
        System.out.println("Sum is: " + sum); //打印加和的结果
    }
}
```

程序运行结果，如图 4-1 所示。

```
D:\JavaSoftwareInstallation\jdk1.8\bin\java.exe ...
Sum is: 15
```

图 4-1　程序运行结果

在上述代码中，当程序运行时，应该在控制台上显示"15"。

4.2　分支结构

4.2.1　分支结构的定义

分支结构是在编程中，根据不同的条件来决定程序执行路径的一种控制结构。

4.2.2　分支结构的分类

1. if 语句

if 语句通过判断一个条件的真假来决定是否执行特定的代码块，常见的形式有以下三种。

第一种形式：

```
if (condition) {
//当 condition 为真时执行的代码
}
```

第二种形式：

```
if (condition) {
//当 condition 为真时执行的代码
}
else {
//当 condition 为假时执行的代码
}
```

第三种形式：

```
if (condition1) {
//当 condition1 为真时执行的代码
}
else if (condition2) {
//当 condition1 为假且 condition2 为真时执行的代码
}
else {
//当前面的条件都为假时执行的代码
}
```

2．switch 语句

switch 语句是根据一个表达式的值来匹配多个不同的 case 标签，并执行相应的代码块。

```
switch (expression) {
    case value1:
        //执行的代码
        break;
    case value2:
        //执行的代码
        break;
    default:
        //当没有匹配的 case 时执行的代码
}
```

4.2.3　分支结构的特点

1．条件性

选择结构的执行，依赖条件表达式的结果。

2．分支性

允许程序在多个执行路径中选择一个执行路径。

3. 灵活性

可以根据不同的条件执行不同的代码块。

4. 效率

在某些情况下，switch-case 语句比多个 if-else 语句更加高效。

4.2.4 分支结构的使用

使用 if 分支语句，控制程序的执行步骤，完成规定的功能。

【例 4-2】（if 语句）读入一个整数，判断其是奇数还是偶数，代码如下：

```java
public static void main(String[ ] args) {
    System.out.println("请输入数字");
    Scanner in=new Scanner(System.in);
    int num=in.nextInt( );
    if((num%2==0))
    System.out.println("是偶数");
    if(num%2!=0)
    System.out.println("是奇数");
}
```

程序运行结果，如图 4-2 所示。

```
D:\JavaSoftwareInstallation\jdk1.8\bin\java.exe ...
请输入数字
20
是偶数
```

图 4-2　程序运行结果

在上述代码中，当程序执行时，若输入的整数为 20，则输出的结果表明该数为偶数。

4.3　循环结构

循环结构

4.3.1　循环结构的定义

在 Java 编程语言中，循环结构是一种允许代码块重复执行直到满足特定条件为止的控制流程结构。

4.3.2　循环结构的分类

Java 提供了三种基本类型的循环结构——for 循环、while 循环和 do-while 循环。

1. for 循环

（1）for 循环是一种计数器控制循环，适用于已知循环次数的情况。

（2）for 循环通过初始化计数器、定义循环继续的条件和更新计数器的值来控制循环。语法结构如下：

```
for (初始化表达式; 条件表达式; 更新表达式) {
    //循环体
}
```

【例 4-3】使用 for 循环计算 1+2+3+…+100 的和，代码如下：

```
public class StructureDemo02 {
    public static void main(String[ ] args) {
        int sum=0;
        for(int i=1;i<=100;i++){
            sum+=i;
        }
        System.out.println(sum);
    }
}
```

在上述代码中，当程序运行时，应该在控制台上显示"5050"。

2．while 循环

（1）while 循环是一种条件控制循环，适用于循环次数未知或基于特定条件需要重复执行的情况。

（2）while 循环在每次迭代开始前检查条件，若条件为真，则执行循环体。

语法结构如下：

```
while (条件表达式) {
    //循环体
}
```

【例 4-4】使用 while 循环计算 1+2+3+…+100 的和，代码如下：

```
public class StructureDemo03 {
    public static void main(String[ ] args) {
        int sum = 0;
        int num = 1;
        while (num <= 100) {
            sum += num;
            num++;
        }
        System.out.println("1 到 100 的和为：" + sum);
    }
}
```

在上述代码中，在程序执行期间，控制台应该显示数字"5050"。首先，初始化变量 sum 为 0，用于累计总和，同时将变量 num 设置为 1，作为序列的起始值。其次，通过一个 while 循环，只要 num 的值不超过 100，就将其加到 sum 上，并将 num 的值递增 1。循环结束后，将输出从 1 到 100 所有整数的总和。

3. do-while 循环

（1）do-while 循环类似 while 循环，它至少执行一次循环体，然后在每次迭代结束时检查条件。

（2）若条件为真，则循环继续执行。

语法结构如下：

```
do {
    //循环体
} while (条件表达式);
```

【例 4-5】使用 do-while 循环计算 1+2+3+…+100 的和，代码如下：

```java
public class StructureDemo04 {
    public static void main(String[ ] args) {
        int sum = 0;
        int num = 1;
        do {
            sum += num;
            num++;
        } while (num <= 100);
        System.out.println("1 到 100 的和为：" + sum);
    }
}
```

在上述代码中，在程序执行过程中，控制台应该显示数字"5050"。首先，执行一次循环，将变量 num 的值 1 累加到 sum 变量中。其次，检查 num 是否小于或等于 100，若条件成立，则继续循环；一旦 num 的值超过 100，循环即告终止。最终，程序将输出从 1 到 100 所有整数的总和。

4.3.3 循环结构的特点

1．条件性

循环的继续执行依赖一个条件表达式的结果。

2．重复性

循环结构允许代码块重复执行，这在处理数组、集合或需要重复操作时非常有用。

3．可控性

开发者可以通过条件表达式精确控制循环的开始和结束。

4．灵活性

不同类型的循环结构提供了不同的方法来控制循环，以适应不同的编程需求。

本章小结

在本章中，我们学习了如何通过条件语句（如 if-else、switch-case）和循环结构（如 for、

while、do-while）来控制程序的执行流程。条件语句让程序能够基于不同条件执行不同代码块，实现逻辑分支。循环结构允许重复执行一段代码，直到满足特定条件为止，这对处理重复任务和数据遍历尤为重要。掌握这些控制流程语句，对编写结构清晰、逻辑严密的 Java 程序至关重要。通过实践，我们能够将复杂的逻辑分解成简单的控制流单元，从而提高代码的可读性和可维护性。

关键术语

条件语句（conditional statement）、分支语句（branch statement）、循环语句（loop statement）、跳出（break out /jump out）、返回值（return value）

习题

选择题

（1）下面哪一项不是 Java 中的流程控制语句？（　　）
　　A．if-else　　　B．for　　　C．while　　　D．String
（2）关于 switch 语句，以下说法正确的是（　　）。
　　A．switch 表达式的类型可以是任何引用类型
　　B．case 标签后的值必须是常量表达式
　　C．default 子句是必需的
　　D．break 语句在 switch 中是必需的

实际操作训练

给定一个学生的成绩，判断该学生的成绩等级，90 分以上包含 90 分等级为"非常优秀"，80～89 分等级为"优秀"，70～79 分等级为"良好"，60～69 分等级为"及格"，60 分以下等级为"不及格"。

第 5 章 数组

【本章教学要点】

知识要点	掌握程度	相关知识
数组介绍	掌握	1. 数组概念 2. 数组的特点 3. 数组的应用领域
一维数组	掌握	1. 一维数组的创建 2. 一维数组的初始化 3. 一维数组的操作
二维数组	了解	1. 二维数组概述 2. 二维数组的创建和初始化 3. 二维数组的注意事项

【本章技能要点】

技能要点	掌握程度	应用方向
数组概念	了解	1. Web 开发 2. 移动端开发 3. 桌面开发
创建、访问、修改数组中的元素	重点掌握	1. 应用开发 2. Web 开发 3. 桌面开发 4. 大数据开发
对数组的操作	重点掌握	1. 应用开发 2. Web 开发 3. 桌面开发 4. 大数据开发
对二维数组的使用	了解	1. 应用开发 2. Web 开发 3. 桌面开发 4. 大数据开发 5. 游戏开发

【导入案例】

在广阔的编程世界里，小明一直怀揣着对知识的渴望，不断探索新的领域。这一天，他迎来了 Java 学习中的重要章节——数组。

小明像往常一样打开计算机，坐在书桌前，准备迎接新的挑战。当他翻开教材，看到数组这个陌生而又神秘的概念时，心中充满了好奇。

小明想象数组就像一个排列整齐的柜子，柜子中的每个格子都可以存放特定的数据。为了可以更直观地理解，他拿出一张纸，画下一个个小格子，并在每个格子里写上数字。

小明开始思考，如果要记录一个班级同学的成绩，那么使用单个变量来存储非常烦琐，而数组就像一个神奇的工具，可以轻松地将所有成绩有序地存储在一起。

小明迫不及待地打开编程软件，开始尝试创建自己的第一个数组。在输入代码的过程中，他小心翼翼，仿佛在精心雕琢一件珍贵的艺术品。

当成功运行代码，看到数组中的数据按照自己的预期被输出时，小明脸上洋溢着兴奋的笑容。他意识到数组不仅让数据管理变得更加高效，还为解决复杂的问题提供了可能。

然而，小明也遇到了一些小挫折。例如，在访问数组元素时，不小心越界，导致程序出错。但是，他并没有气馁，而是认真检查代码，查找问题所在，并不断修改和调试。

通过这次学习，小明深刻体会到了数组的魅力和重要性。他知道，这只是数组世界的九牛一毛，还有更多的知识和技巧等待他去探索。他满怀期待地准备迎接接下来的学习旅程，相信在数组的帮助下，自己能够编写出更加精彩和实用的程序。

【课程思政】

（1）规则意识。

通过学习数组索引的严格规则，强调在编程中遵守既定规则的重要性，培养学生具有严谨的态度和法律法规意识。

（2）团队协作。

数组操作经常需要团队协作，共同维护数据的一致性和完整性，借此培养学生的团队合作精神和沟通能力。

（3）社会责任感。

数组是数据处理的基础，通过学习数组知识，引导学生思考技术如何影响社会，培养学生利用技术为社会服务的责任感。

5.1 数组介绍

5.1.1 数组概念

在 Java 编程语言中，数组是一种存储相同数据类型元素的集合。它是一种数据结构，提供了一种方便的方式来存储和操作一组相关的数据。根据维数，数组可以分为一维数组和二维数组。

5.1.2 数组的特点

1. 固定大小

一旦在 Java 编程语言中创建了一个数组，就不能改变其大小。如果需要存储更多的数据，就可以创建一个更大的新数组，并将旧数组的数据复制到新数组中。

2．连续内存

数组中的元素在内存中是连续存储的，这意味着访问数组中的元素是非常快速的，因为可以通过简单的数学计算（基地址加上索引，乘以元素大小）来找到任何元素的地址。

3．类型安全

Java 是强类型语言，数组也不例外。数组一旦被声明，就只能存储特定类型的数据。例如，int[ ]数组只能存储整数。

4．索引访问

通过索引（数组中的位置）来访问数组中的元素。索引从 0 开始，直到数组长度减 1。

5.1.3 数组的应用领域

数组在许多领域都有广泛的应用，以下列举一些常见的应用场景。

1．数据存储与处理

数组可以用于存储和处理大量的同类数据，如学生的考试成绩、员工的工资信息等；通过数组可以方便地对这些数据进行排序、查找、统计等操作。

2．图像处理

在处理图像的像素数据时，数组能够高效地存储像素的颜色值，从而实现对图像的编辑和特效处理。

3．游戏开发

数组可以用来存储游戏中的角色属性、道具信息、地图数据等。例如，一个角色的生命值、攻击力等属性，可以用数组来管理。

4．大数据处理

Java 在大数据处理领域也有一席之地。许多大数据处理框架和工具，如 Apache Hadoop、Apache Spark、Apache Flink 等，都是用 Java 编写的。开发人员可以使用 Java 编写大数据应用程序，利用这些框架和工具来处理大规模的数据集。

5．数据库操作

作为中间数据结构，数组临时存储从数据库中读取的数据，以便进行进一步的处理和操作。

5.2 一维数组

在 Java 编程语言中，一维数组是一种存储相同数据类型元素的线性数据结构，对数组的操作主要包括创建、访问、修改、遍历、排序、复制、填充、转换为字符串等基本操作，以及一些进阶操作，如查找、删除、插入元素等。下面是对 Java 数组操作的一些详细说明。

5.2.1 一维数组的创建

在 Java 编程语言中，一维数组的声明方式为指定数据类型和数组变量名。数组可以被当作一个对象，使用关键字 new 分配内存。一维数组的创建一般有以下两种方式。

1. 先声明，使用关键字 new 分配内存

语法结构如下：

```
数组元素类型[ ]  数组名称；
数组元素类型  数组名称[ ]；
```

小贴士
数组元素类型代表的是整个数组的类型，数组的类型既可以是基本类型，又可以是引用类型，一个"[ ]"代表的是一维数组。数组名称必须符合命名规范，必须合法。

【例 5-1】 创建一维数组，代码如下：

```
int[ ]   arr[ ];     //声明 int 类型数组，数组中每一个元素都是 int 类型的数组，只能是 int 类型的数据
Integer arrInt[ ]; //声明 Integer 数组，数组中每一个元素都是 Integer 类型的数组，只能是 Integer 类型的数据
```

当只创建而未分配内存时，仅是告诉编译器有一个特定类型的数组将会被使用，此时并没有为数组实际分配存储空间。如果没有分配内存，那么数组是不能被访问的，可以手动为数组分配内存，指定数组的长度。为数组分配内存的语法如下：

```
数组名称=new  数组元素的类型[数组的个数]
```

小贴士
数组的名称其实就是数组变量的名称；数组的个数其实就是数组的长度。

【例 5-2】 为一维数组分配内存，代码如下：

```
arr=new int[4];
```

现在，arr 数组被分配了可以存储 4 个整数的连续内存空间，如图 5-1 所示。

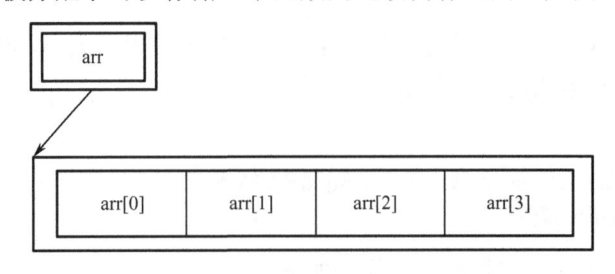

图 5-1 一维数组内存图

在图 5-1 中，arr 代表的是数组的名称，中括号"[ ]"中的值代表的是下标，数组通过下标来获取数组的元素。数组的下标从 0 开始，由于我们创建的数组个数为 4，所以下标为 0～3。

小贴士
为数组分配内存，整型数组中每个元素的初始值为 0。

2. 在声明的同时，为数组分配内存

语法结构如下：

数组元素类型[ ]　数组名称=new 数组元素的类型[个数];

【例 5-3】声明一维数组并同时分配内存，代码如下：

int array=new int[3];

例 5-3 创建的数组指定长度是 3，这种创建方式是最普遍的。

5.2.2 一维数组的初始化

一维数组的初始化是创建数组并赋予其初始值的过程。数组的初始化和基本数据类型的初始化基本是一致的。数组的初始化有两种方式，分别是静态初始化和动态初始化。

1. 静态初始化

在声明数组的同时，使用花括号括起来的初始化列表来为数组元素指定初始值。
语法结构如下：

数组元素类型[ ] 数组名称={元素 1,元素 2,元素 3,…}
数组元素类型[ ] 数组名称=new 数组元素类型{元素 1,元素 2,元素 3,…}

【例 5-4】一维数组的静态初始化，代码如下：

int array={1,2,3,4,5}
int arrray01=new int{1,2,3,4,5}

小贴士
静态初始化，将元素使用逗号隔开，存放在花括号内，编译器根据初始化列表中的元素个数自动确定数组的大小。

2. 动态初始化

使用关键字 new 来分配内存空间，并在花括号内指定数组的大小，但不直接给出具体的元素值。后续可以通过索引逐一为数组元素赋值。
语法结构如下：

数组元素类型[ ] 数组名称=new 数组元素类型[元素的个数];
数组名称[下标]=数组元素值;

【例 5-5】一维数组的动态初始化，代码如下：

int[ ] trends=new int[3];
int[0]=1;
int[1]=2;
int[2]=3;

> **小贴士**
> 动态初始化在运行时确定数组的大小，更加灵活，适用于在程序运行过程中动态确定数组大小的情况。

一维数组的初始化对确保程序正确运行至关重要。正确初始化数组可以避免出现未初始化的变量错误，并为后续对数组的操作提供可靠的数据基础。同时，根据不同的需求选择合适的初始化方式，可以提高程序的可读性和可维护性。

5.2.3 一维数组的操作

1. 访问元素

通过索引来访问一维数组中的元素。数组的索引从 0 开始，到数组长度减 1 结束。

【例 5-6】在项目中创建 AccessDemo 类，在主方法中创建 int 数组，并实现访问该数组的元素，代码如下：

```java
public class AccessDemo {
    public static void main(String[ ] args) {
        int[ ] array={10,20,30,40};
        int firstArray=array[0];//访问到第一个数组元素为：10
        System.out.println("访问到第一个数组元素为："+firstArray);
        int lastArray=array[array.length-1];//访问到最后一个数组元素为 40
        System.out.println("访问到最后一个数组元素为："+lastArray);
    }
}
```

程序运行结果，如图 5-2 所示。

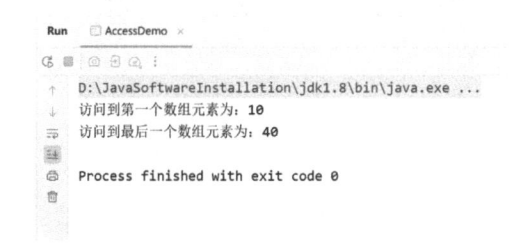

```
D:\JavaSoftwareInstallation\jdk1.8\bin\java.exe ...
访问到第一个数组元素为：10
访问到最后一个数组元素为：40

Process finished with exit code 0
```

图 5-2　程序运行结果

2. 获取数组的长度

在 Java 编程语言中，一维数组的长度可以通过数组对象的 length 属性来获取。

【例 5-7】在项目中创建 LengthDemo 类，在主方法中创建 int 数组，并实现获取元素的长度，代码如下：

```java
public class LengthDemo {
    public static void main(String[ ] args) {
        int[ ] array={10,20,30,40};
        //获取到数组的长度
        int length = array.length;
        System.out.println(length);
```

```
        }
}
```

程序运行结果，如图 5-3 所示。

Run
lengthDemo
D:\JavaSoftwareInstallation\jdk1.8\bin\java.exe ...
4
Process finished with exit code 0

图 5-3　程序运行结果

上述代码定义了一个整数类型的一维数组 array，然后通过 array.length 获取数组的长度，并打印输出为 4。

小贴士

length 是最终变量，意味着它的值不能被修改。一旦数组被创建，其长度就固定了。

length 的值总是大于或等于零。如果尝试访问一个负数索引以及大于或等于 length 的索引，就会抛出 ArrayIndexOutOfBoundsException 异常。

---

3. 遍历数组元素

在 Java 编程语言中，遍历一维数组是一种常见操作，用于逐个访问数组中的元素。遍历数组常见的方式分为以下两种。

（1）用传统 for 循环进行遍历。

使用一个循环变量，从 0 开始，逐步递增，直到数组长度减 1，以访问数组中的每个元素。

【例 5-8】在项目中创建 ErgodicDemo 类，在主方法中创建 int 数组，并实现获取每一个元素，代码如下：

```
public class ErgodicDemo {
    public static void main(String[ ] args) {
        int[ ] array={10,20,30,40,50,60};
        for (int arr:array){
            System.out.println(arr);
        }
    }
}
```

程序运行结果，如图 5-4 所示。

Run
ErgodicDemo
D:\JavaSoftwareInstallation\jdk1.8\bin\java.exe ...
10
20
30
40
50
60
Process finished with exit code 0

图 5-4　程序运行结果

（2）用增强 for 循环进行遍历。

增强 for 循环可以更简捷地遍历数组，不需要显式处理索引。它自动遍历数组中的每个元素，并将其赋值给一个循环变量。

【例 5-9】在项目中创建 ErgodicDemo02 类，在主方法中创建 int 数组，并实现获取每一个元素，代码如下：

```
public class ErgodicDemo02 {
    public static void main(String[ ] args) {
        int[ ] array={50,20,30,40};
        for (int arr:array){
            System.out.println(arr);
        }
    }
}
```

程序运行结果，如图 5-5 所示。

Run
ErgodicDemo02
D:\JavaSoftwareInstallation\jdk1.8\bin\java.exe ...
50
20
30
40
Process finished with exit code 0

图 5-5　程序运行结果

小贴士

数组索引从 0 开始，所以在遍历过程中要确保索引不超出数组的范围，否则会抛出 ArrayIndexOutOfBoundsException 异常。

如果在遍历过程中需要修改数组元素的值，那么传统的 for 循环可能更合适，因为可以通过索引直接访问和修改元素，而增强 for 循环是只读的，不能用于修改数组元素。

5.3 二维数组

二维数组

5.3.1 二维数组概述

Java 中的多维数组（multi-dimensional arrays）是数组嵌套数组，可以看作数组的扩展，其中每个元素本身也是一个数组。二维数组是 Java 中最常见的多维数组形式，Java 支持更高维度的数组，但在实际应用中比较少见。

5.3.2 二维数组的创建和初始化

1. 静态初始化

在创建二维数组时，可以直接指定数组中的元素值。

语法结构如下：

数据元素类型[ ][ ] 数组名称={{元素 1,元素 2,元素 3,…},{元素 1,元素 2,元素 3,…}};

【例 5-10】 创建二维数组并初始化，代码如下：

int[ ][ ] arr={{10,20,30},{40,20,10},{40,20,15}};

小贴士
这种方式明确给出了二维数组中每个元素的值，适用于在创建数组时就知道其具体内容的情况。

2．动态初始化

先指定二维数组的行数和列数，再分别为每个元素赋值。二维数组的动态初始化有以下两种常见方式。

（1）在指定行数和列数后逐一赋值。

语法结构如下：

数据元素类型[ ][ ] 数组名称=new 数据元素类型[行数][列数];
数组名称[下标][下标]=元素值;

【例 5-11】 创建二维数组并初始化，代码如下：

```
int[ ][ ] arr=new int[3][5];
arr[0][0]=4;
arr[0][1]=3;
...
```

上述代码通过索引为每个元素赋值。

（2）使用嵌套的循环进行初始化。

可以使用嵌套的 for 循环来为二维数组的每个元素赋值。

【例 5-12】 创建二维数组并初始化，代码如下：

```
int[ ][ ] arr=new int[3][5];
for(int i = 0;i < arr.length; i++){
    for(int j = 0;j < arr[i].length; j++){
        arr[i][j] = i * j;
    }
}
```

5.3.3 二维数组的注意事项

（1）二维数组的行数和列数可以不同，这使其在存储不规则数据时非常有用。

（2）在访问二维数组中的元素时，要确保索引不超出范围，否则就会抛出 ArrayIndexOutOfBoundsException 异常。

（3）二维数组在内存中的存储方式是按行优先的，即先存储第一行的元素，然后存储第二行的元素，以此类推。

本章小结

数组是在编程中基础且强大的数据结构，允许连续存储相同类型的数据。通过索引访问数组元素，既高效又直观。本章介绍了数组的基本概念，包括声明、初始化、赋值及遍历等基本操作。掌握对数组的使用，对后续学习数据结构与算法至关重要。同时，我们还需要注意数组越界异常，以及在使用大数组时考虑对内存的管理。作为 Java 编程的基石，数组为后续面向对象编程打下了坚实的基础。

关键术语

数组的创建（array creation）、数组的初始化（array initialization）、数组的遍历（array traversal）、数组越界异常（array out of bounds exception）

习题

选择题

（1）以下哪一个选项是 Java 中正确的数组声明方式？（　　）
  A．int arr[ ] = new int[ ];　　　　B．int[ ] arr = new int[5];
  C．int arr = new int[5];　　　　　D．int arr[5];
（2）关于 Java 数组，以下说法错误的是（　　）。
  A．数组长度固定，创建后不能改变　　B．数组可以存储基本类型和对象
  C．数组索引从 1 开始　　　　　　　　D．可以使用 length 属性获取数组长度

实际操作训练

编写一个 Java 程序，数组为 "int[4] arr={1,2,3,4};"，将数组最大的值进行输出。

第 6 章 方法

【本章教学要点】

知 识 要 点	掌握程度	相 关 知 识
方法概述	掌握	1. 方法的概念 2. 方法的特点 3. 方法的作用
方法的定义和调用	重点掌握	1. 方法的定义 2. 方法的调用
方法参数	掌握	1. 方法参数的个数 2. 方法参数的类型 3. 方法参数的种类 4. 方法参数的传递
方法返回值	掌握	1. 方法返回值的类型 2. 方法返回值的应用 3. 方法返回值的注意事项
方法重载	掌握	1. 方法重载的规则 2. 方法重载的实现 3. 方法重载的优势
方法的作用域和生命周期	掌握	1. 方法的作用域 2. 方法的生命周期
递归方法	了解	1. 递归方法的定义 2. 递归方法的特点 3. 递归方法的使用

【本章技能要点】

技 能 要 点	掌握程度	应 用 方 向
对方法的介绍	了解	1. Web 开发 2. 移动端开发 3. 桌面开发
方法的定义和调用	重点掌握	1. 应用开发 2. Web 开发 3. 桌面开发 4. 大数据开发
方法重载和返回值	重点掌握	1. 应用开发 2. Web 开发 3. 桌面开发

续表

技 能 要 点	掌握程度	应 用 方 向
方法的作用域和生命周期	掌握	1. 应用开发 2. Web 开发 3. 桌面开发 4. 大数据开发

【导入案例】

在一个充满科技氛围的午后，阳光透过办公室的窗户洒在李明整洁的工作台上。作为一名初入编程领域的实习生，李明面对着计算机屏幕，心中充满对 Java 编程的无限憧憬和迷茫。

最近，他遇到了一个难题：如何让自己的代码更加简洁、高效，且易于维护？在无数次尝试和失败中，李明渐渐意识到，这可能是因为他还没有真正掌握 Java 中的"方法"这一核心概念。

编程世界如同森林，而方法就是一条条通往知识宝藏的秘密小径。李明决定深入探索，揭开方法的神秘面纱。他想象自己化身为一位勇敢的探险家，手持代码"指南针"，踏上了寻找方法之道的旅程。

在这个过程中，李明从最基础的定义开始学起，逐步了解了方法的参数、返回值及其如何在程序中发挥作用。他仿佛看到每一个精心编写的方法都像编程森林中的一座座灯塔，不仅照亮了前行的道路，还让他能够复用代码，避免重复劳动，大大提高了编程效率。

随着学习的深入，李明越来越感受到方法的魅力所在。它不仅让代码变得更加清晰、有条理，还让他学会了如何像大师一样思考和解决问题。他意识到，掌握方法是学习 Java 的关键一步，更是成为一名优秀程序员的必经之路。

最终，当李明成功运用方法解决了一个复杂的编程难题时，他露出了满意的笑容。在这一刻，他知道自己已经迈出了编程道路上的重要一步，而前方还有更多未知等待他去探索和挑战。

【课程思政】

（1）团队协作。

对 Java 方法的运用就如同团队成员分工合作。在团队中，每个人就像一个特定的方法，负责特定的任务。通过明确的分工与协作，团队可以提高整体效率。正如方法的精准定义和调用一样，团队成员应该明确自身职责，共同为项目的成功努力。

（2）精益求精。

在编写方法时，对代码的优化性和准确性的追求，体现了精益求精的精神。对待工作和学习，要不断改进，力求做到最好。

（3）创新思维。

对方法的设计和创新，可以鼓励学生突破常规。培养学生的创新思维，使其在面对复杂问题时，能够灵活运用方法，创造出更高效、更独特的解决方案，为未来的发展开拓更多可能。

6.1 方法概述

6.1.1 方法的概念

在 Java 编程语言中，方法是一组完成特定任务的语句集合，可以接受输入参数并返回结果，提高代码的复用性和可维护性。

6.1.2 方法的特点

1．封装性

Java 方法允许将复杂的功能封装在一个独立的代码块中，这样不仅可以隐藏实现的细节，还可以提高代码的可读性和可维护性。

2．重用性

一旦定义了方法，就可以在程序的多个地方重复调用，从而避免了重复编写代码。

3．参数化

Java 方法可以接受参数，这些参数在方法调用时传递给方法，使方法能够处理不同的数据。

4．返回值

方法可以返回一个值给调用者，这个值可以是基本数据类型、对象或 void（表示没有返回值）。

5．多态性

通过重载（overloading）和覆盖（overriding），Java 方法可以实现多态性。

6．访问控制

Java 方法可以使用访问修饰符［如 public、private、protected 和默认（包）访问级别］来控制其可见性和可访问性。

6.1.3 方法的作用

1．提高代码的复用性

在不同的地方调用同一个方法，可以避免重复编写相同的代码。

2．增强代码的可读性和可维护性

将复杂的任务分解为多个小的方法，每个方法专注一个特定的功能，使代码更易于理解和修改。

6.2 方法的定义和调用

6.2.1 方法的定义

方法由方法签名和方法体组成，方法签名包含方法名称、参数列表、返回值类型、访问修饰符和其他修饰符。

语法结构如下：

```
访问修饰符    static    返回值类型    方法名称(参数列表){
    //实现具体的功能
}
```

【例6-1】定义一个方法，代码如下：

```
public static    int add(int a,int b){
    return a+b;
}
```

在上述代码之中，public 是访问修饰符，static 是静态修饰符，目的是后期调用方便；int 是返回类型；add 是方法名称；"int a, int b"是参数列表。方法体是包含在花括号内的一组语句，用于实现方法的具体功能。方法的返回类型可以是任何 Java 数据类型，包括基本数据类型和引用数据类型。如果方法不需要返回值，就可以使用 void 作为返回类型。方法的参数列表是一个用逗号分隔的参数声明列表。每个参数都有一个类型和一个名称。在方法调用时，实际参数的值将被传递给这些形式参数。

6.2.2 方法的调用

在其他方法中，可以通过方法名称和参数列表来调用已经定义的方法。

【例6-2】定义一个方法为method01，在其他的方法中进行调用，代码如下：

```
public class MethodDemo {
    public static void main(String[ ] args) {
        int num = MethodDemo.method01(10, 20);
        System.out.println("num = " + num);
    }
    public static int method01(int a,int b){
        return a+b;
    }
}
```

在上述代码中，在 main 方法中，通过 method01(10, 20)来调用 method01 方法，并将返回值赋给变量 num。

在进行方法调用时，实际参数的类型和数量必须与方法定义中的形式参数相匹配。如果不匹配，编译器就会报错。

方法可以递归调用，即一个方法可以调用自身。递归调用在解决某些问题时非常有用，但要注意避免无限递归。

程序运行结果，如图 6-1 所示。

```
D:\JavaSoftwareInstallation\jdk1.8\bin\java.exe ...
num = 30
Process finished with exit code 0
```

图 6-1　程序运行结果

6.3　方法参数

方法参数允许将数据传递给方法，使方法能够根据不同的输入执行特定的操作。通过参数，方法可以接收外部的值，从而实现更加灵活和通用的功能。

6.3.1　方法参数的个数

在 Java 编程语言中，方法参数的个数可以是 0 个、1 个或多个。方法参数的个数包含以下三种。

1．无参数方法

当方法不需要接收任何外部数据来执行任务时，可以定义为无参数方法。无参数方法代表参数列表为零个参数。

语法结构如下：

```
访问修饰符    static    返回值类型    方法名称( ){
    //实现具体的功能
}
```

【例 6-3】定义一个方法为 method02，查看参数列表，代码如下：

```java
public static int method02( ){
    return 3;
}
```

根据上述代码，在这个方法中没有任何参数。调用这个方法时，不需要传递任何值，直接使用方法名称即可，如 method02( )。

2．固定个数参数的方法

在大多数情况下，方法会接收特定数量的参数来执行特定的操作，固定个数参数的方法代表的是参数列表可以是 1 个参数，可以是 2 个参数，也可以是多个参数。

语法结构如下：

```
访问修饰符    static    返回值类型    方法名称(数据类型 参数名称,…){
    //实现具体的功能
}
```

【例6-4】定义一个方法为method03,查看参数列表,代码如下:

```
public static int    method03(int a,int b){
        return a+b;
}
```

根据上述代码,这个方法接收两个整数参数,用于计算它们的和。在调用时,需要提供两个整数作为实际参数,如"method03(10, 20);"。

3. 可变参数的方法

Java还支持可变参数,允许方法接收任意数量的相同类型的参数。可变参数在方法定义中用"…"表示,可变参数的方法代表的是参数列表可以是0个参数、1个参数、2个参数或多个参数。

语法结构如下:

```
访问修饰符    static    返回值类型    方法名称(数据类型…参数名称){
    //实现具体的功能
}
```

【例6-5】定义一个方法为method04,查看可变参数的个数,代码如下:

```
public static int    method04(int...num){
        return num[0];
}
```

根据上述代码,这个方法可以接收0个、1个或多个整数参数,在调用时可以传递不同数量的整数,如"method04( );""method04(4);"或"method04(1,2,3,4)"。

> **小贴士**
> 方法参数的个数决定了方法的灵活性和适用性。参数较少的方法通常更简单易用,但功能相对有限。而参数较多的方法可以提供更强大的功能,但调用时可能需要提供更多的信息,容易导致代码复杂。

在设计方法时,应该根据实际需求合理确定参数的个数。如果参数过多,就可以考虑将相关的参数组合成一个对象,以提高代码的可读性和可维护性。

可变参数方法虽然可以接收任意数量的参数,但在使用时需要注意参数的类型和顺序,以确保方法能够正确处理传入的参数。

6.3.2 方法参数的类型

在Java编程语言中,方法参数的类型包含以下两种。

1. 基本数据类型

(1)Java有8种基本数据类型可以作为方法参数,分别是byte、short、int、long、float、double、char和boolean。

(2)当使用基本数据类型作为参数时,方法接收到的是参数值的副本。这意味着在方法内部对参数的修改不会影响到原始变量。

2. 引用数据类型

（1）Java 中的类、接口和数组等都是引用数据类型，它们可以作为方法参数。

（2）使用引用数据类型作为参数时，方法接收到的是对对象的引用。在方法内部对引用指向的对象进行修改，会影响原始对象。

> 小贴士
> 1. 在传递参数时，必须确保实际参数的类型与方法定义中的形式参数类型相匹配，否则会导致编译错误。
> 2. 对引用数据类型参数，要注意在方法内部对对象的修改可能影响外部的原始对象，这可能带来一些潜在的副作用，需要谨慎处理。

6.3.3 方法参数的种类

1. 形式参数

形式参数是在方法定义中声明的变量，用于接收调用者传递的实际参数。形式参数的类型和名称在方法签名中指定。形式参数简称为形参。

【例 6-6】定义一个方法为 method02，指定形式参数，代码如下：

```java
public static int method02(int a,int b){
    return a+b;
}
```

在上述代码中，a 和 b 分别代表形式参数。

2. 实际参数

实际参数是在方法调用时传递给方法的具体值或变量。实际参数的类型和数量必须与方法定义中的形式参数相匹配。实际参数简称为实参。

【例 6-7】定义一个方法为 method04，指定实际参数，代码如下：

```java
public static void main(String[ ] args) {
    int num = MethodDemo.method04(10, 20);
    System.out.println("num = " + num);
}
```

在上述代码中，10、20 分别代表实际参数。

6.3.4 方法参数的传递

方法参数的传递有以下两种形式。

1. 值传递

方法参数中的基本数据类型使用的是值传递，使用的值分别是 byte、short、int、long、float、double、char 和 boolean。当把一个基本数据类型的变量作为参数传递给方法时，实际上是将该变量的值复制一份传递给方法的形式参数。

【例 6-8】在项目中创建类 MethodDemo02，实现值传递，代码如下：

```java
public class MethodDemo02 {
    public static void main(String[ ] args) {
        //将 30 值再次赋值给 num，num=30
        int num=30;
        method01(num);
        System.out.println("num = "+num);

    }
    public static void method01(int num){
        //将 20 的值赋值给 num，num=20
        num=20;
    }
}
```

在上述代码中，我们在 method01 方法中修改了 num 的值，但不会改变外部 num 的值。程序运行结果，如图 6-2 所示。

```
D:\JavaSoftwareInstallation\jdk1.8\bin\java.exe ...
num = 30

Process finished with exit code 0
```

图 6-2　程序运行结果

2．引用传递

方法参数中的引用数据类型，使用的是引用传递。当把一个引用数据类型的变量作为参数传递给方法时，传递的是该变量引用的对象的内存地址，在方法内部对引用指向的对象进行修改会改变外部实际参数引用的对象。

【例 6-9】在项目中创建类 MethodDemo03，实现引用传递，代码如下：

```java
public class MethodDemo03 {
    public static void main(String[ ] args) {
        String s=new String("world");
        method01(s);
        System.out.println("s = "+s);
    }
    public static void method01(String str) {
        String s1=new String("hello");
    }
}
```

在上述代码中，method01 方法中对 String 对象的修改会影响外部的 String 对象。
程序运行结果，如图 6-3 所示。

```
D:\JavaSoftwareInstallation\jdk1.8\bin\java.exe ...
s = world

Process finished with exit code 0
```

图 6-3　程序运行结果

6.4 方法返回值

方法返回值允许方法向调用者提供一个特定类型的结果。它使方法能够进行一些计算、操作或处理，并将结果返回给调用它的代码部分，以便进一步使用或处理这个结果。

6.4.1 方法返回值的类型

（1）方法返回值的类型可以是基本数据类型，也可以是引用数据类型。
（2）方法声明时，必须指定返回值的类型，如果没有指定返回值的类型，就可以使用 void 作为返回值的类型。

【例 6-10】定义一个方法为 methodTest，查看返回值的类型，代码如下：

```java
public static int methodTest(int a,int b) {
    return a+b;
}
```

在上述代码中，返回值类型是 int，所以只能返回整数类型。

6.4.2 方法返回值的应用

调用一个有返回值的方法时，可以将返回值赋给一个变量，用于表达式中或作为另一个方法的参数。

【例 6-11】在项目中创建类 MethodDemo04，实现对返回值的应用，代码如下：

```java
public class MethodDemo04 {
    public static void main(String[ ] args) {
        int num = MethodDemo.method01(10, 20);
        System.out.println("num = " + num);

    }
}
```

在上述代码中，返回值类型是 int，只能返回整数类型。返回值必须使用 return 返回；若使用 void，则不用使用 return。这里调用的是例 6-2 的 method1 的方法，获取的结果为 3。

程序运行结果，如图 6-4 所示。

```
Run    MethodDemo04
   D:\JavaSoftwareInstallation\jdk1.8\bin\java.exe ...
   num = 3
   Process finished with exit code 0
```

图 6-4　程序运行结果

6.4.3 方法返回值的注意事项

（1）一个方法只能有一个返回值。如果需要返回多个值，就可以考虑将其封装在一个对象中返回。

（2）如果方法声明为 void，就不能使用 return 语句返回一个值，但可以使用 return 语句提前退出方法。

（3）在方法执行的过程中，必须确保所有可能的路径都能返回一个与声明的返回类型匹配的值，否则会导致编译错误。

6.5 方法重载

Java 中的方法重载（method overloading）是指在同一个类中可以有多个同名的方法，但这些方法的参数列表必须不同。参数列表的不同可以体现在参数的数量、参数的类型或参数的顺序上。方法重载与方法的返回类型无关，只与方法的名称和参数列表有关。

方法重载的主要目的是允许同一个类中的多个方法使用相同的名字，但执行不同的任务，这取决于传递给它们的参数。

6.5.1 方法重载的规则

1. 方法名称必须相同

重载的方法必须具有相同的名称。

2. 参数列表必须不同

方法的参数列表必须不同，这可以通过参数的数量、类型或其顺序来实现。

3. 与返回类型无关

方法的返回类型不是方法重载的考虑因素，即两个方法可以有相同的名称、不同的参数列表，但返回类型不同，这仍然是合法的重载。然而，编译器在选择重载方法时不会考虑返回类型。

4. 与访问修饰符无关

方法的访问修饰符（如 public、private 等）与重载无关。

5. 可以抛出不同的异常

重载的方法可以声明抛出不同的异常，但不是重载的决定因素。

6.5.2 方法重载的实现

方法重载的实现有以下三种方式。

1. 参数个数不同

定义多个具有相同名称的方法，其中每个方法的参数个数不同。

【例6-12】在项目中创建类 MethodDemo05，实现方法重载中参数个数的不同，代码如下：

```java
/**
 * 方法重载第一个实现：参数个数不同
 */
public class MethodDemo05 {
    public void addTest01(int num){
        System.out.println("addTest01 方法中有 1 个参数");
    }
    public void addTest01(int num,int num2){
        System.out.println("addTest01 方法中有 2 个参数");
    }
}
```

在上述代码中，我们可以看出第一个 addTest01 方法有 1 个参数，第二个 addTest01 方法有 2 个参数，实现了参数个数的不同，参数个数的不同就是方法重载。

2. 参数类型不同

定义多个具有相同名称的方法，其中每个方法的参数类型不同。

【例6-13】在项目中创建类 MethodDemo06，实现方法重载中参数类型的不同，代码如下：

```java
/**
 * 方法重载的第二种实现方式：参数类型不同
 */
public class MethodDemo06 {
    public void addTest01(int num){
        System.out.println("addTest01 方法中的参数为 int 类型");
    }
    public void addTest01(String num){
        System.out.println("addTest01 方法中的参数为 String 类型");
    }
}
```

在上述代码中，我们可以看出第一个 addTest01 方法中的参数为 int 类型，第二个 addTest01 方法中参数为 String 类型，实现了参数类型的不同，参数类型的不同就是方法重载。

3. 参数顺序不同

定义多个具有相同名称的方法，其中每个方法的参数顺序不同。

【例6-14】在项目中创建类 MethodDemo07，实现方法重载中参数顺序的不同，代码如下：

```java
public class MethodDemo07 {
    public void addTest01(int num, String name){
        System.out.println("addTest01 的参数顺序不同，第一个参数是 int 类型，第二个参数是 String 类型");
    }
    public void addTest01(String name,int num){
```

```
            System.out.println("addTest01 的参数顺序不同，第一个参数是 String 类型，第二个参数是 int
类型");
        }
    }
```

在上述代码中，我们可以看出第一个 addTest01 方法的第一个参数是 int 类型，第二个参数是 String 类型，第二个 addTest01 方法的第一个参数是 String 类型，第二个参数是 int 类型，实现了参数顺序的不同，参数顺序的不同就是方法重载。

6.5.3　方法重载的优势

1．提高代码的可读性和可维护性

通过使用相同的方法名称来执行相似的操作，但针对不同的参数情况，可以使代码更加直观和易于理解。

2．增强代码的灵活性

可以根据不同的输入情况调用不同的重载方法，不需要为每个不同的情况定义不同的方法名称。

6.6　方法的作用域和生命周期

6.6.1　方法的作用域

在 Java 编程语言中，方法的作用域通常是指方法可以被访问的范围。这主要取决于方法的访问修饰符（如 public、protected、default 和 private），以及方法所在的类。

1．public

方法可以被任何其他类访问。

2．protected

方法可以被同一包内的任何其他类，以及所有子类访问。

3．default

无修饰符，也称为包级私有。方法只能被同一个包内的类访问。

4．private

方法只能被其所在的类访问。

6.6.2　方法的生命周期

方法的生命周期与方法的执行过程紧密相关，而不是像变量那样有一个明确的"创建"和"销毁"时间。当程序执行到方法调用时，方法的生命周期开始，包括以下几个阶段。

1．调用

当程序执行到方法调用语句时，JVM 会暂停当前方法的执行，保存当前方法的执行状态（如局部变量、操作数栈等），然后跳转到被调用方法的入口点。

2．执行

在方法内部，代码按照顺序执行，包括变量声明、条件判断、循环、调用其他方法等。

3．返回

当方法执行到 return 语句（void 方法是执行到方法体的末尾）时，方法结束执行。此时，JVM 会恢复之前保存的执行状态，继续执行调用方法之后的代码。

4．结束

随着调用方法的继续执行，被调用方法的生命周期结束。需要注意的是，这里的"结束"并不意味着方法被销毁或删除，而是指方法执行完毕，将控制权返回给调用者。

6.7 递归方法

6.7.1 递归方法的定义

递归方法是指在一个方法的内部调用自身的方法，通常用于解决可以被分解为相同子问题的问题。

6.7.2 递归方法的特点

1．简洁性

对一些问题来说，使用递归方法可以使代码更加简洁和直观。例如，阶乘、斐波那契序列等问题可以用递归方法轻松解决。

2．可读性

递归方法的逻辑通常比较清晰，容易理解。它可以将复杂的问题分解为较小的子问题，逐步解决。

3．可维护性

递归方法的结构相对简单，因此在维护和修改代码时更容易。

6.7.3 递归方法的使用

【例 6-15】在项目中创建类 MethodDemo08，使用递归方法计算 6 的阶乘，代码如下：

```
public class MethodDemo08 {
    public static void main(String[ ] args) {
        int result = recursionMethod(6);
```

```java
            System.out.println("6 的阶乘的结果为："+result);
    }
    public static int recursionMethod(int num){
        if(num == 0 || num == 1){
            return 1;
        }else {
            return num * recursionMethod(num-1);
        }
    }
}
```

程序运行结果，如图 6-5 所示。

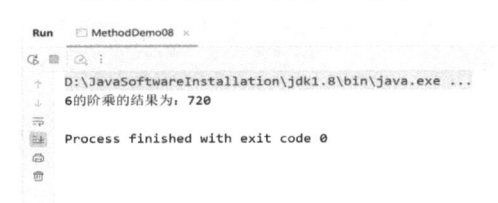

```
D:\JavaSoftwareInstallation\jdk1.8\bin\java.exe ...
6的阶乘的结果为：720
Process finished with exit code 0
```

图 6-5　程序运行结果

本章小结

作为程序的基本构建块，Java 方法用于封装特定功能，以实现代码的复用和模块化。通过定义方法，我们能够将复杂的逻辑分解成更小、更易于管理的部分。方法的作用域决定了其可见性和可访问性，而方法的生命周期涵盖从调用到执行完成的全过程。掌握方法的声明、调用及参数传递是编写高效、可维护的 Java 程序的关键。通过实践，我们能够更好地理解和运用 Java 方法。

关键术语

方法参数（method parameters）、方法返回值（method return value）、方法作用域（method scope）、方法生命周期（method lifecycle）

习题

1. 选择题

以下关于方法重载说法错误的是（　　）。

A．参数个数不同　　　　　　　　　　B．参数类型不同
C．参数顺序不同　　　　　　　　　　D．返回值类型必须不同

2. 问答题

简述什么是方法的生命周期。

实际操作训练

编写一个 Java 方法,将一个整数数组作为参数,返回该数组中所有元素的和。

第 7 章 面向对象

【本章教学要点】

知 识 要 点	掌 握 程 度	相 关 知 识
面向对象的思想	了解	1. 面向过程的概念 2. 面向对象的概念 3. 面向对象与面向过程的关系
类与对象的关系	重点掌握	1. 类的定义 2. 对象的定义 3. 类与对象的关系
成员的调用	重点掌握	1. 成员变量和成员方法的定义 2. 成员变量和成员方法的调用
成员变量与局部变量的区别	掌握	成员变量与局部变量的区别
关键字 this 和 static	掌握	1. 关键字 this 2. 关键字 static
构造方法	重点掌握	1. 构造方法的定义 2. 构造方法的语法结构 3. 构造方法的访问
封装	重点掌握	1. 封装的定义 2. 包 3. 访问修饰符的权限 4. 封装的实现 5. 封装的好处
继承	重点掌握	1. 继承的定义 2. 继承的作用 3. 继承的语法与实现 4. 成员的访问 5. 构造方法的调用顺序 6. 方法重写 7. 关键字 super 8. 关键字 final
多态	重点掌握	1. 多态的定义 2. 多态的优点和作用 3. 多态的实现方式

续表

知 识 要 点	掌握程度	相 关 知 识
抽象类和抽象方法	重点掌握	1. 抽象类的定义 2. 抽象类的特点 3. 抽象类的实现方式 4. 抽象类的作用 5. 抽象方法的定义 6. 抽象方法的实现方式
接口	重点掌握	1. 接口的定义 2. 接口的特点 3. 接口的作用 4. 接口的实现方式 5. 抽象类与接口的区别

【本章技能要点】

技 能 要 点	掌握程度	应 用 方 向
创建类和对象	重点掌握	1. 应用开发 2. 移动端开发
关键字 this 和 static 的应用	重点掌握	1. 应用开发 2. Web 开发
构造方法	掌握	1. 应用开发 2. Web 开发
封装	重点掌握	1. 应用开发 2. Web 开发 3. 桌面开发 4. 大数据开发 5. 游戏开发
继承	重点掌握	1. 应用开发 2. Web 开发
多态	重点掌握	1. 应用开发 2. Web 开发 3. 桌面开发 4. 大数据开发
抽象类	重点掌握	1. 游戏开发 2. 桌面开发
接口	重点掌握	1. 大数据开发 2. Web 开发

【导入案例】

在一个神奇的数字王国中生活着各种各样的角色,这个王国是用 Java 语言构建起来的,充满面向对象的奇妙魔法。

有一天,数字王国里来了一位勇敢的冒险家。这位冒险家是一个类的实例,这个类定义了他的各种属性和方法。冒险家有强壮的力量属性(strength)、敏捷的速度属性(speed)和勇敢的心属性(courage)。他还有战斗方法(fight)、探索方法(explore)和帮助他人的方法(helpOthers)。

在数字王国里还有一个神秘的魔法师公会。魔法师公会也是一个类，里面有众多魔法师的实例。魔法师们有强大的魔法力量属性（magicPower）和智慧属性（wisdom）。他们可以施展各种魔法，如火焰魔法（castFireSpell）、治愈魔法（castHealingSpell）等。

冒险家在冒险的过程中遇到了各种困难和挑战。有一次，他来到一个被恶龙占据的城堡。恶龙是一个强大的类的实例，它有巨大的攻击力属性（attackPower）和防御力属性（defensePower）。冒险家知道自己无法单独战胜恶龙，于是向魔法师公会寻求帮助。

冒险家来到魔法师公会，向魔法师们说明了情况。魔法师们决定和冒险家一起组成一个团队，共同对抗恶龙。他们利用面向对象的特性，将各自的能力组合起来。魔法师们使用他们的魔法为冒险家增加力量，冒险家则利用自己的战斗方法和探索方法，寻找恶龙的弱点。在激烈的战斗中，冒险家和魔法师们充分发挥面向对象编程的优势。他们相互协作，共同应对恶龙的攻击。最终，在团队的努力下，他们成功击败恶龙，拯救了数字王国。

【课程思政】

（1）遵循规范和标准。

在讲解面向对象编程的概念和原则时，强调严谨的逻辑思维和精确的代码实现。例如，通过解释封装、继承和多态等概念，让学生明白在编程中需要遵循一定的规范和标准，就像在生活中要遵守法律法规和道德准则一样。这可以培养学生的科学精神和责任感。

（2）勇于创新和进取。

介绍 Java 语言的发展历程和不断演进的过程，让学生了解到技术的进步是通过不断创新和改进来实现的。鼓励学生勇于探索和尝试新的编程方法和技术，培养学生的创新精神和进取意识。介绍我国在信息技术领域的发展成就和贡献，如华为的 5G 技术、阿里巴巴的云计算等，让学生了解到我国在科技领域的崛起和强大，培养学生的爱国主义情怀和民族自豪感。

（3）积极实践。

鼓励学生积极参与国内的编程竞赛和项目，为国家的科技发展贡献自己的力量。同时，引导学生关注国内的科技政策和发展动态，培养学生的社会责任感和使命感。

7.1 面向对象的思想

7.1.1 面向过程的概念

面向过程是以过程为中心的编程思想。它把解决问题的过程分解为一系列步骤，通过依次执行这些步骤来完成任务。在面向过程编程中，重点关注的是对方法和数据的操作，而不是对象和它们之间的交互。

7.1.2 面向对象的概念

面向对象是以对象为中心来组织程序结构。面向对象编程是一种程序设计思想，通过对象之间的交互来实现程序的功能，强调的是具备"面向过程"的"动作行为"的事物。从面向过程的执行者变成面向对象的指挥者，可以使复杂问题简单化。

7.1.3　面向对象与面向过程的关系

面向对象和面向过程是两种不同的编程思想，面向对象与面向过程既有联系，又有区别。

1．面向对象与面向过程的联系

（1）相互补充。

在 Java 编程语言中，虽然面向对象是主要的编程思想，但在某些情况下，面向过程的编程方式也可以发挥作用。

（2）代码实现。

在 Java 编程语言中，面向对象的代码可以通过调用面向过程的代码来实现某些功能。

（3）发展历程。

面向对象编程是在面向过程编程的基础上发展起来的。面向对象编程吸收了面向过程编程的一些优点。

2．面向对象与面向过程的区别

（1）编程思想。

① 面向对象编程以对象为中心，将数据和操作封装在对象中，通过对象之间的交互来实现程序的功能。

② 面向过程编程以过程为中心，将程序分解为一系列步骤，通过依次执行这些步骤来完成任务。

（2）数据和操作的关系。

① 面向对象：数据和操作被封装在对象中，对象具有自己的状态和行为。通过对象的方法来操作对象的数据，实现数据和操作的紧密结合。

② 面向过程：数据和操作是分离的，数据通常被作为参数传递给函数，函数对数据进行操作并返回结果。

（3）代码组织方式。

① 面向对象：以类和对象为基本单位，通过类的继承、多态等特性来组织代码。代码结构更加清晰，易于维护和扩展。

② 面向过程：以函数为基本单位，通过函数的调用和顺序执行来组织代码。代码结构相对简单，但在复杂程序中可能变得混乱。

7.2　类与对象的关系

7.2.1　类的定义

类是对现实世界中一类具有共同特征的事物的抽象描述。它定义了对象的属性（成员变量）和行为（方法）。通过类可以创建多个具有相同结构和行为的对象，每个对象都有自己独立的状态。

语法结构如下：

```
访问修饰符   class 类的名称{
    //成员变量
    //成员方法
}
```

小贴士

在类中，访问修饰符只能是 public 和默认的修饰符，在后续的课程会学到内部类，可以使用 protected、private、public 和默认的修饰符。

【例 7-1】在一个项目中创建类 ClassDemo，实现对类的定义，代码如下：

```
public class ClassDemo {
    int age;
    String name;
    public void testDemo( ){
        System.out.println("Hello World");
    }
}
```

在上述代码中，访问修饰符是 public，class 是类的关键字，ClassDemo 代表类的名称，age 和 name 是成员属性，testDemo 是成员方法。

7.2.2 对象的定义

对象是类的实例化结果，它代表现实世界中的具体事物或对概念的抽象表示。对象是由类创建出来的具体实体，每个对象都有自己独立的状态和行为，状态由对象的属性（成员变量）来表示，行为由对象的方法来定义。

语法结构如下：

```
类的名称  对象名称=new 类的名称( );
```

小贴士

对象是由类创建出来的具体实体，创建对象时使用关键字 new，对象名称必须符合命名规则，必须是合法的。

【例 7-2】在一个项目中创建类 ClassDemo，实现对对象的定义，代码如下：

```
public class ClassDemo {
    int age;
    String name;
    public void testDemo( ){
        System.out.println("Hello World");
    }
    public static void main(String[ ] args) {
        ClassDemo cd = new ClassDemo( );
    }
}
```

在上述代码中，ClassDemo 是类的名称，cd 是对象的变量，使用关键字 new。这种创建对象的方式是最常用的。

7.2.3 类与对象的关系

类与对象的关系紧密，类定义了对象的结构和行为。它就像一个蓝图或模板，描述了一类对象具有的共同属性（成员变量）和行为（方法）。类中定义的方法决定了对象能够执行哪些操作。

对象是根据类的定义创建出来的具体实体。通过使用关键字 new 和类的构造方法，可以创建一个类的对象。对象只能调用类中定义的方法来实现特定的行为。

7.3 成员的调用

7.3.1 成员变量和成员方法的定义

1．成员变量的定义

成员变量被定义在类的内部，通常在类的开头部分，在任何方法、构造方法或代码块之外。成员变量在整个类的范围内都是可见的。

【例 7-3】在一个项目中创建类 VariableDemo，实现对成员变量的创建，代码如下：

```
public class VariableDemo {
    int age; //定义 age
    String name;//定义名称
}
```

在上述代码中，成员变量被定义在类中，age 和 name 就是成员变量。

2．成员方法的定义

成员方法被定义在类的内部，可以在类的任何位置，但通常在成员变量之后。成员方法由方法签名和方法体组成。

【例 7-4】在一个项目中创建类 VariableDemo02，实现对成员方法的创建，代码如下：

```
public class VariableDemo02 {
    public void testDemo( ){
        System.out.println("成员方法");
    }
}
```

在上述代码中，成员方法被定义在类中，testDemo 方法就是成员方法。

7.3.2 成员变量和成员方法的调用

成员变量和成员方法可以通过对象来调用。

【例 7-5】 在一个项目中创建类 VariableDemo03，实现对成员变量和成员方法的调用，代码如下：

```java
public class VariableDemo03 {
    int age;
    String name;
    public void testDemo( ){
        System.out.println("成员方法");
    }
    public static void main(String[ ] args) {
        //调用成员变量
        VariableDemo03 variableDemo03=new VariableDemo03( );
        variableDemo03.age=30;
        variableDemo03.name="小明";
        //调用成员方法
        variableDemo03.testDemo( );
    }
}
```

在上述代码中，我们不难看出，如果调用成员变量和方法，就需要创建对象，variableDemo03 就是我们创建的对象。

7.4 成员变量与局部变量的区别

1．定义位置

（1）成员变量。

成员变量被定义在类中，在方法体之外。成员变量可以分为实例变量和类变量。实例变量随着对象的创建而存在于对象所属的堆内存中；类变量在类加载时被分配在方法区中，被所有该类的实例共享。

（2）局部变量。

局部变量被定义在方法体、构造方法或代码块中。

2．生命周期

（1）成员变量。

成员变量与对象的生命周期相同。在对象创建时，成员变量被初始化；在对象被回收时，成员变量也随之消失。类变量的生命周期则与类的生命周期一致，从类被加载到类被卸载。

（2）局部变量。

局部变量在方法、构造方法或代码块被执行时创建，当方法、构造方法或代码块执行完毕时，局部变量立即被销毁。

3．初始化

（1）成员变量。

类变量在类加载时会被赋予初始值，如果没有显式初始化，就会被赋予默认值（如整数类型为 0，布尔类型为 false，引用类型为 null 等）。实例变量在对象创建时会被赋予初始值，如果没有显式初始化，就会被赋予默认值。

（2）局部变量。

局部变量在使用前必须显式初始化，否则会出现编译错误。

4．存储位置

（1）成员变量。

实例变量存储在堆内存中，与对象一起分配空间。类变量存储在方法区中。

（2）局部变量。

局部变量存储在栈内存中，随着方法的调用而创建，在方法调用结束后立即释放。

5．作用域

（1）成员变量。

成员变量在整个类中都可见。只要有对象存在，实例变量就可以被访问。类变量既可以通过类名直接访问，又可以通过对象访问。

（2）局部变量。

局部变量的作用域仅限于定义它的方法、构造方法或代码块内部。在这个范围内，局部变量可以被访问；一旦超出这个范围，局部变量就不可见了。

7.5 关键字 this 和 static

this 和 static 是 Java 中非常重要的两个关键字，关键字 this 是对象级的，关键字 static 是类级的。

7.5.1 关键字 this

1．指当前对象

关键字 this 在 Java 编程语言中是一个引用关键字，它指向调用当前方法的对象实例。当你在一个类的方法内部使用关键字 this 时，它代表当前的对象。在成员方法中，关键字 this 可以用来区分成员变量和局部变量。当局部变量与成员变量同名时，使用"this.成员变量名"来访问成员变量。

2．用于构造方法的调用

在一个构造方法中可以使用关键字 this 来调用同一类中的其他构造方法，这样可以减少代码的重复。

3．作为方法参数传递

在需要将当前对象作为参数传递给另一个方法时，可以使用关键字 this 来表示当前对象。

【例 7-6】在一个项目中创建类 VariableDemo04，实现对关键字 this 的使用，代码如下：

```java
public class VariableDemo04 {
    int age;
    String name;
    public void testDemo( ){
        this.age=20;
        this.name="John";
        System.out.println("age="+age+" name="+name);
    }
    public void testDemo2( ){
        this.testDemo( );
    }
    //作为方法的参数传递
    public void testDemo3(VariableDemo04 variableDemo04){
        testDemo3(this);
    }
    public static void main(String[ ] args) {
        VariableDemo04 variableDemo04=new VariableDemo04( );
        variableDemo04.testDemo( );
        variableDemo04.testDemo2( );
    }
}
```

程序运行结果,如图 7-1 所示。

```
D:\JavaSoftwareInstallation\jdk1.8\bin\java.exe ...
age=20 name=John
age=20 name=John

Process finished with exit code 0
```

图 7-1 程序运行结果

在上述代码中,我们可以看出在全局方法中使用关键字 this 调用全局方法:"this.成员方法名称"代表当前对象调用成员方法。在全局方法中,使用关键字 this 调用全局属性:"this.成员属性名"。关于在构造方法中使用关键字 this,后续课程会详细讲解。关键字 this 可以作为方法的参数传递,从代码中可以看出,关键字 this 可以作为参数直接传递给另一个方法。

7.5.2 关键字 static

1. 静态变量

用关键字 static 修饰的成员变量称为静态变量,也叫类变量。它不属于任何一个具体对象,而是属于整个类。所有该类的对象共享同一个静态变量。

【例 7-7】在一个项目中创建类 VariableDemo05,实现创建静态变量,代码如下:

```java
public class VariableDemo05 {
    //静态变量
    static int num;
```

```
    static int num;
}
```

在上述代码中，我们可以看出关键字 static 修饰的成员变量就是静态变量。每个类可以有多个静态变量，它们是类级变量，而非对象级变量。

在访问静态变量时，由于静态变量不依附某个对象，所以只需通过"类名.静态变量"的方式访问。

【例 7-8】在一个项目中创建类 VariableDemo05，实现访问静态变量，代码如下：

```java
public class VariableDemo05 {
    //静态变量
    static int num;
    static int num2;
    public static void main(String[ ] args) {
        VariableDemo05.num=10;
        VariableDemo05.num2=20;
        System.out.println("The number is:" + VariableDemo05.num);
        System.out.println("The number2 is:" + VariableDemo05.num2);
    }
}
```

程序运行结果，如图 7-2 所示。

```
D:\JavaSoftwareInstallation\jdk1.8\bin\java.exe ...
The number is:10
The number2 is:20

Process finished with exit code 0
```

图 7-2　程序运行结果

在上述代码中，我们可以看出访问静态变量，不用创建对象，直接可以使用"类名.属性名称"，属于类的级别，而不是对象级别。静态变量使用起来简单便捷，但不能全部使用静态变量，而是要按照需求来使用。

2. 静态常量

静态常量（static final）与静态变量本质一样，也属于类的级别。静态常量值会在类加载期间被确定，并在整个程序执行期间保持不变。静态常量通常被用来表示不可变的值。

【例 7-9】在一个项目中创建类 VariableDemo06，实现创建静态常量，代码如下：

```java
public class VariableDemo06 {
    final static int NUM=10;
    final static int NUM2=20;
}
```

在上述代码中，我们可以看出定义静态常量时需要使用关键字 final，关键字 final 在后续的课程中会详细讲解。代码中常量的名称是大写，对此没有明确规定，即使按照变量规定去写常量也不会出现编译错误，这么做能够让你在阅读代码时清晰识别出哪些是静态常量。

3. 静态方法

静态方法可以直接通过类名调用，而不需要创建对象。静态方法不能直接访问非静态成员（成员变量和成员方法），因为静态方法在类加载时就存在了，而此时非静态成员可能还没有被创建。

【例 7-10】在一个项目中创建类 VariableDemo07，实现创建静态方法，代码如下：

```java
public class VariableDemo07{
    //创建静态方法
    public static void testDemo( ){
        System.out.println("静态方法");
    }
}
```

在上述代码中，我们可以看出关键字 static 修饰的方法是静态方法。

【例 7-11】在一个项目中创建类 VariableDemo06，实现调用静态方法，代码如下：

```java
public class VariableDemo06 {
    //创建静态方法
    public static void testDemo( ){
        System.out.println("静态方法");
    }
    public static void main(String[ ] args) {
        //调用静态方法
        VariableDemo06.testDemo( );
        VariableDemo06 variableDemo06=new VariableDemo06( );
        variableDemo06.testDemo( );
    }
}
```

程序运行结果，如图 7-3 所示。

```
D:\JavaSoftwareInstallation\jdk1.8\bin\java.exe ...
静态方法
静态方法

Process finished with exit code 0
```

图 7-3 程序运行结果

在上述代码中，我们可以看出调用静态方法既可以直接使用 "类名.方法名称"，又可以使用 "对象名.方法名称"。这么做本身不会出现编译错误，但不建议这么做。

小贴士

使用静态方法时需要注意，静态方法可以访问静态方法，非静态方法可以访问静态方法，静态方法不可以访问非静态方法，因为非静态方法或非静态变量的调用要先创建对象，而在调用静态方法时可能对象并没有被初始化。在静态方法中不可以使用关键字 this，因为静态方法本身与对象无关，而是属于类的级别。

4．静态初始化块

静态初始化块是一个被关键字 static 声明的代码块，没有任何参数或返回值。在 Java 编程语言中，可以使用静态初始化块来初始化静态变量。静态初始化块在类被加载时执行，而且只执行一次。

【例 7-12】在一个项目中创建类 VariableDemo08，实现调用静态初始化块，代码如下：

```java
public class VariableDemo08 {
    static int num;
    static String name;
    //静态初始化块给静态变量赋值
    static{
        num=10;
        name="静态初始化块";
    }
    public static void main(String[ ] args) {
        System.out.println(VariableDemo08.num);
        System.out.println(VariableDemo08.name);
    }
}
```

程序运行结果，如图 7-4 所示。

```
D:\JavaSoftwareInstallation\jdk1.8\bin\java.exe ...
10
静态初始化代码块

Process finished with exit code 0
```

图 7-4　程序运行结果

在上述代码中，当类在第一次加载时，若有静态初始化块，则会执行静态初始化块代码，静态初始化块代码优先于构造方法执行。而且，不管你是否创建对象，它都会执行且只执行一次（与实例对象无关）。所有的静态变量初始化和静态初始化块以其在类中声明的顺序来执行。

> **小贴士**
> 实例初始化块也是一种初始化代码，由一对花括号组成，用于在每次创建类的实例时（对象）执行特定的初始化操作。实例初始化块同样没有任何参数或返回值。实例初始化块代码优先于构造方法执行。

7.6　构造方法

7.6.1　构造方法的定义

构造方法也叫作构造器，用于创建对象，以及对对象进行初始化。创建对象都必须通过构造方法进行初始化。

7.6.2 构造方法的语法结构

声明构造方法与声明方法类似，但构造方法的名称必须与类的名称保持一致，并且不能定义返回类型。注意：构造方法不同于 void 类型返回值，void 没有具体返回值类型，构造方法连类型都没有。

语法结构如下：

```
访问修饰符 类的名称(参数列表){
    //初始化变量
}
```

或者，

```
访问修饰符 类的名称(){
    //初始化变量
}
```

【例 7-13】在一个项目中创建类 VariableDemo09，实现创建构造方法，代码如下：

```java
public class VariableDemo09 {
    int num;
    String name;
    public VariableDemo09(){
        System.out.println("默认的无参数构造方法");
    }
    public VariableDemo09(int num, String name){
        this.num = num;
        this.name = name;
    }
}
```

在上述代码中，我们可以看出，构造方法不需要返回值类型，只需访问修饰符和类名即可，第一个构造方法是默认的无参数构造方法，第二个构造方法是有参数构造方法。

7.6.3 构造方法的访问

如果在使用关键字 new 创建对象时无参数列表，就会自动调用默认的无参数构造方法。如果使用关键字 new 创建对象时带有参数列表，就会调用相对应参数的构造方法。

【例 7-14】在一个项目中创建类 VariableDemo09，实现访问构造方法，代码如下：

```java
public class VariableDemo09 {
    int num;
    String name;
    public VariableDemo09(){
        System.out.println("默认的无参数构造方法");
    }
    /**
```

```
     * 1 个参数的构造方法
     * @param num
     */
    public VariableDemo09(int num){
        this.num = num;
    }
    /**
     * 2 个参数的构造方法
     * @param num
     * @param name
     */
    public VariableDemo09(int num, String name){
        this.num = num;
        this.name = name;
    }
    public static void main(String[ ] args) {
        //创建无参数的对象，调用无参数的构造方法
        VariableDemo09 variableDemo09=new VariableDemo09( );
        //创建 1 个参数的对象，调用的是 1 个参数的构造方法
        VariableDemo09 variableDemo09_one=new VariableDemo09(10);
        //创建 2 个参数的对象，调用的是 2 个参数的构造方法
        VariableDemo09 variableDemo09_two=new VariableDemo09(10,"小明");
    }
}
```

在上述代码中，我们可以看出，创建不同参数个数的对象需要调用不同的构造方法。

小贴士

若一个类未定义任何构造方法，则会自动提供一个无参数的默认构造方法（不体现在代码中）。若一个类中定义了特定的构造方法，则该类原有的默认构造方法不再可用；若需要默认的构造方法，则需要显式声明出无参数构造方法。

7.7 封装

7.7.1 封装的定义

封装就是将类的状态信息（属性）和行为（方法）包装在一个类中，并对类的属性设置访问权限，隐藏类的内部实现细节，只通过特定的方法来访问和修改这些属性。通过封装，可以提高代码的安全性、可维护性和可扩展性。

7.7.2 包

包（package）是一种用于组织和管理类、接口及其他程序元素的机制。

1．包的作用

（1）避免命名冲突。

在庞大的项目架构中，同名的类可能大量出现。我们通过将这些类分散在不同的包中，能够有效规避命名上的冲突。

（2）提升组织性和管理效率。

包的使用有助于将相关的类、接口及其他程序组件整合在一起，从而增强代码的可读性和可维护性。

（3）精细化访问控制。

包机制允许我们对类、接口及其他程序组件的访问权限进行精细控制。将特定的类置于特定的包内，可以限制其访问范围，确保只有授权的类能够访问。

2．包声明和包导入

（1）包声明。

在 Java 源文件的起始部分，我们可以通过使用关键字 package 来声明源文件内类的归属包。例如，语句"package com.chapter7.project;"表明源文件中的类是属于"com.chapter7.project"包的。

（2）包导入。

当需要在一个类中引用另一个包的类时，可以借助关键字 import 来导入所需的类。例如，语句"import com.chapter7.project.ClassTest;"实现了对"com.chapter7.project"包中 ClassTest 类的导入。此外，我们还可以使用通配符导入一个包内的所有类，如"import com.chapter7.project*;"。

3．自定义包

（1）构建自定义包。

在文件系统中构建一个与包名相对应的目录结构。例如，如果要创建一个名为"com.company.myproject"的包，就应该在项目的根目录下创建一个 com 目录，接着在 com 目录下创建 company 目录，最后在 company 目录下创建 myproject 目录。

将 Java 源文件放置在相应的包目录内，并在源文件的起始处声明包名。

（2）应用自定义包。

在其他 Java 源文件中，可以通过导入自定义包内的类来使用它们。

只要自定义包位于项目的类路径中，Java 编译器和运行环境便能够定位并使用这些包中的类。

7.7.3 访问修饰符的权限

在不影响正常功能执行的前提下，应该尽可能使每个类或类中的成员可访问性最小。在 Java 编程语言中，控制成员（属性、方法、嵌套类）可访问性的关键字有 private（私有的）、default（默认）、protected（受保护的）及 public（公有的），如表 7-1 所示。下面按照可访问性范围递减进行说明。

表 7-1　访问修饰符的访问权限

访问修饰符	当前类	同一包内	子孙类（同一包）	子孙类（不同包）	其他包
public	√	√	√	√	√
protected	√	√	√	√/×	×
default	√	√	√	×	×
private	√	×	×	×	×

（1）public：对所有类可见。使用对象：类、接口、变量、方法。

（2）protected：对同一包内的类和所有子类可见。使用对象：变量、方法。注意：不能使用修饰类（外部类）。

（3）default（默认，什么也不写）：在同一包内可见，不使用任何修饰符。使用对象：类、接口、变量、方法。

（4）private：在同一类内可见。使用对象：变量、方法。 注意：不能修饰类（外部类）。

7.7.4　封装的实现

私有化（private）成员属性会使当前类无法被其他类友好使用，公有化（public）成员属性就失去了封装的意义。如何保证类成员既不暴露数据域又能被其他类友好访问呢？我们通常将类设计为包含私有域属性（private）和公有访问方法（getter），如果需要对私有的属性进行初始化，就可以提供公有的方法（setter）。

【例 7-15】创建一个 Person 类，属性分别是 age 和 name，将属性进行封装，并且进行初始化，在控制台输出结果，代码如下：

```java
public class Person {
    //定义全局属性，将属性进行封装
    private int age;
    private String name;
    //将属性初始化，并提供 setter 方法
    public void setAge(int age) {
        this.age = age;
        if(age>20){
            System.out.println("大于 20 岁");
        }else{
            this.age = 30;
        }
    }
    public void setName(String name) {
        this.name = name;
    }
    //获取到属性的值，提供 getter 方法
    public int getAge( ) {
        return age;
    }
```

```java
        public String getName( ) {
            return name;
        }
        public static void main(String[ ] args) {
            Person person = new Person( );
            person.setAge(20);
            person.setName("小明");
            System.out.println("name: " + person.getName( ));
            System.out.println("age: " + person.getAge( ));
        }
    }
```

程序运行结果。如图 7-5 所示。

```
D:\JavaSoftwareInstallation\jdk1.8\bin\java.exe ...
name: 小明
age: 30

Process finished with exit code 0
```

图 7-5　程序运行结果

在上述代码中，我们可以看出对属性进行封装后，外部代码无法直接访问这些属性。通过提供 getter 和 setter 方法，外部代码可以获取和设置这些属性的值，同时在 setter 方法中可以添加验证逻辑，确保这些属性的值符合要求。

> **小贴士**
> 被私有化的方法可以访问，但只能在本类中调用，在其他类中无法调用。

7.7.5　封装的好处

1．提高代码的安全性

通过限制对属性的直接访问，可以防止外部代码意外修改或破坏类的内部状态。

2．提高代码的可维护性

封装隐藏了类的内部实现细节，使外部代码只需关注类提供的公共接口。

3．内部的实现方式

如果需要修改类的内部实现方式，那么只需修改类的内部代码，而不会影响外部代码的使用。

4．提高代码的可扩展性

可以在不影响外部代码的情况下，向类中添加新的属性和方法，或者修改现有属性和方法的实现。

7.8 继承

7.8.1 继承的定义

继承（extends）是指子类拥有父类的非私有属性和方法，使子类对象（实例）具有父类的特性和方法。父类被称为基类或超类，子类也被称为派生类。继承是实现代码重用的有力手段，能够有效缩短开发周期、降低开发成本，实现代码的复用和层次化设计。

7.8.2 继承的作用

1. 代码复用

子类可以直接使用父类中已经实现的方法和属性，避免重复编写代码。

2. 层次结构构建

可以构建具有层次关系的类体系，更好地组织和管理代码。

7.8.3 继承的语法与实现

继承通过使用关键字 extends 来实现。

语法结构如下：

```
访问修饰符　class 子类名称 extends 父类名称{
    //子类成员
}
```

【例 7-16】创建 Animal 类和 Cat 类，Animal 类作为父类，Cat 类作为子类，Animal 类的成员属性是 name，成员方法是 eat 方法，Cat 类的成员属性是 name，成员方法是 eat 方法和 sleep 方法，使用继承实现，代码如下：

```java
public class Animal {
    //定义私有的属性：name
    private String name;

    public String getName( ) {
        return name;
    }
    public void setName(String name) {
        this.name = name;
    }
    //定义成员方法：eat 方法
    public void eat( ){
        System.out.println("Animal 动物吃东西");
    }
```

```java
}
public class Cat extends Animal{
    @Override
    public void eat( ) {
        System.out.println("Cat 猫吃猫粮");
    }
    //子类中特有的方法
    public void sleep( ){
        System.out.println("猫在睡觉");
    }
}
```

在上述代码中，Cat 类继承了 Animal 类的 name 属性和 eat 方法，同时又有自己特有的 sleep 方法。通过继承，可以避免在 Cat 类中重复编写 eat 方法的代码，实现了对代码的复用。

7.8.4 成员的访问

（1）子类可以访问父类的非私有成员。
（2）子类不可以直接访问父类的私有成员，但可以通过父类提供的公共或受保护的方法间接访问。

7.8.5 构造方法的调用顺序

（1）当创建子类对象时，首先会调用父类的构造方法，然后再调用子类的构造方法。
（2）如果子类的构造方法中没有显式调用父类的构造方法，编译器就会自动插入一条对父类无参数构造方法的调用。

【例 7-17】例 7-16 实现了继承，现在针对同一个案例实现对构造方法的顺序调用，代码如下：

```java
public class Animal {
    //定义私有的属性：name
    private String name;
    public Animal( ) {

    }
    public Animal(String name) {
        this.name = name;
    }
    public String getName( ) {
        return name;
    }
    public void setName(String name) {
        this.name = name;
    }

    //定义成员方法：eat 方法
```

```java
        public void eat( ){
            System.out.println("Animal 动物吃东西");
        }
    }
    public class Cat extends Animal{
        public Cat( ) {
        }

        public Cat(String name) {
            super(name);
        }

        @Override
        public void eat( ) {
            System.out.println("Cat 猫吃猫粮");
        }
        //子类中特有的方法
        public void sleep( ){
            System.out.println("猫在睡觉");
        }
    }
    public class TestCat {
        public static void main(String[ ] args) {
            Cat cat=new Cat( );
            cat.eat( );
        }
    }
```

在上述代码中，我们在 TestCat 类中可以看出在创建 Cat 子类的对象时，先调用的是 Animal 父类的构造方法，然后再次调用 Cat 子类的构造方法。

7.8.6 方法重写

1. 方法重写的定义

方法重写是指子类中定义了一个与父类中同名、同参数列表和同返回类型的方法，从而覆盖父类中该方法的实现。方法重写也叫作方法覆盖。

在某些情况下，父类提供的方法并不适用于子类。例如，在例 7-16 中，Animal 类提供的属性和方法并不一定适用于 Cat 类，因为不同动物吃的东西是不同的，所以 Cat 类中的 eat 方法需要考虑 Cat 吃的是猫粮，所以需要覆盖该方法。

2. 方法重写的规则与要求

（1）方法名称、参数列表和返回类型必须与父类中被重写的方法完全一致。

① 方法名称相同：只有在子类中重写的方法与父类中的方法具有相同的名称，才能实现方法的覆盖。

② 参数列表相同：参数的数量、类型和顺序必须与父类中的方法完全一致。如果参数

列表不同,那么将是一个重载的方法,而不是重写。

③ 返回类型相同或子类型:在 Java 5 及以上的版本中,重写的方法可以返回父类方法返回类型的子类型,但不是严格意义上的相同返回类型。然而,当返回类型为基本数据类型时,必须完全相同。

(2) 访问权限不能比父类中被重写的方法更严格,访问权限可以相同或更宽松。

① 如果父类中的方法是公共的,那么子类中重写的方法可以是公共的、受保护的或包访问权限(默认访问权限,没有特定关键字修饰),但不能是私有的(private)。

② 如果父类中的方法是受保护的,那么子类中重写的方法可以是受保护的或公共的,但不能是私有的或包访问权限更严格的情况。

3. 方法重写的实现

通过子类对象调用被重写的方法时,实际执行的是子类中重写后的方法,而不是父类中的原始方法。这是 Java 运行时多态性的体现。多态在后续的课程中会详细讲解。

【例 7-18】例 7-17 实现了继承,我们在使用继承的前提下,继续实现方法重写,代码如下:

```java
public class Animal {
    //定义私有的属性: name
    private String name;
    public Animal( ) {
        System.out.println("Animal Constructor");
    }
    public Animal(String name) {
        this.name = name;
    }

    public String getName( ) {
        return name;
    }

    public void setName(String name) {
        this.name = name;
    }
    //定义成员方法: eat 方法
    public void eat( ){
        System.out.println("Animal 动物吃东西");
    }
}
public class Cat extends Animal{
    public Cat( ) {
        System.out.println("Cat Constructor");
    }

    public Cat(String name) {
        super(name);
    }

    /**
     * 子类重写了父类的方法
     */
```

```
    @Override
    public void eat( ) {
        System.out.println("Cat 猫吃猫粮");
    }
    //子类中特有的方法
    public void sleep( ){
        System.out.println("猫在睡觉");
    }
}
```

程序运行结果，如图 7-6 所示。

```
D:\JavaSoftwareInstallation\jdk1.8\bin\java.exe ...
Animal Constructor
Cat Constructor
Cat猫吃猫粮

Process finished with exit code 0
```

图 7-6　程序运行结果

在上述代码中，Cat 类中的 eat 方法重写了 Animal 类中的 eat 方法，以实现各自特定的输出，会执行相应的子类中重写的方法。@Override 注解用于标注此方法是重写方法，仅具有标注作用，并无实际意义。

小贴士

1. 子类的覆盖方法不能使用比父类中被覆盖的方法更严格的访问权限，子类方法的可见性应与父类保持一致或大于父类。

2. 对构造方法来说，在创建子类对象时，程序一定会先调用父类的构造方法，再调用子类的构造方法。如果子类没有在代码中明确调用父类的构造方法，则父类必须提供无参数构造方法给子类隐式调用（若不提供构造方法，程序会自动提供并完成调用）。

7.8.7　关键字 super

1. 访问父类的构造方法

（1）在子类的构造方法中，可以使用 super( )来调用父类的无参数构造方法；使用 super（参数列表）来调用父类的有参数构造方法。

（2）这样可以确保在创建子类对象时，先初始化父类的部分。

【例 7-19】例 7-18 实现了方法重写，针对这个案例，我们继续实现使用关键字 super 访问父类的构造方法，代码如下：

```
public class Animal {
    //定义私有的属性：name
    private String name;
    public Animal( ) {
        System.out.println("Animal Constructor");
    }
    public Animal(String name) {
```

```java
            this.name = name;
        }

        public String getName( ) {
            return name;
        }

        public void setName(String name) {
            this.name = name;
        }

        //定义成员方法：eat 方法
        public void eat( ){
            System.out.println("Animal 动物吃东西");
        }
}
public class Cat extends Animal{
    public Cat( ) {
        super( );
        System.out.println("Cat Constructor");
    }

    public Cat(String name) {
        super(name);
    }

    /**
     * 子类重写了父类的方法
     */
    @Override
    public void eat( ) {
        System.out.println("Cat 猫吃猫粮");
    }
    //子类中特有的方法
    public void sleep( ){
        System.out.println("猫在睡觉");
    }
}
```

在上述代码中，我们可以看出 Cat 类的构造方法使用关键字 super 调用父类的构造方法。super( )调用的是无参数构造方法，super(name)调用的是带有一个参数的构造方法。

> **小贴士**
> super( )调用的是无参数构造方法，super(参数列表)调用的是有对应参数的构造方法。

2. 访问方法和属性

（1）当子类和父类有同名的成员变量时，可以使用 "super.成员变量名" 来访问父类的成员变量。

（2）当子类重写了父类的方法，而在子类的方法中又想调用父类被重写的方法时，可以使用"super.方法名称(参数列表)"来调用。

【例 7-20】例 7-19 实现了使用关键字 super 访问父类的构造方法，针对这一案例，我们可以通过使用关键字 super 实现访问方法和属性，代码如下：

```java
public class Animal {
    //定义私有的属性：name
    private String name;
    public Animal( ) {
        System.out.println("Animal Constructor");
    }
    public Animal(String name) {
        this.name = name;
    }

    public String getName( ) {
        return name;
    }

    public void setName(String name) {
        this.name = name;
    }

    //定义成员方法：eat 方法
    public void eat( ){
        System.out.println("Animal 动物吃东西");
    }
}
public class Cat extends Animal{
    public Cat( ) {
        super( );
        System.out.println("Cat Constructor");
    }

    public Cat(String name) {
        super(name);
    }

    /**
     * 子类重写了父类的方法
     */
    @Override
    public void eat( ) {
        super.setName("小动物");
        super.eat( );
    }
    //子类中特有的方法
    public void sleep( ){
        System.out.println("猫在睡觉");
```

        }
    }

在上述代码中，我们可以看出，Cat 类中的 eat 方法可以使用关键字 super 访问父类的属性和父类的方法。

7.8.8 关键字 final

1. 修饰变量

当一个变量被关键字 final 修饰时，就成为一个常量。一旦被初始化，其值就不能改变。

【例 7-21】创建类 FinalDemo，实现用关键字 final 修饰变量，代码如下：

```
public class FinalDemo {
    final static int AGE = 5;
    public void testFinal( ){
        //一旦初始化，不能被修改
        //AGE=10;
    }
}
```

在上述代码中，AGE 被 final 修饰，并且进行了初始化，成为常量，不能被修改，一旦修改就会导致编译错误。

小贴士

final 一般与关键字 static 一起使用，成为静态常量。静态常量的名称一般使用大写，便于区分。

---

2. 修饰方法

当一个方法被关键字 final 修饰时，该方法不能被重写。这通常用于确保某些关键方法的行为不被改变，或者在关键的代码中使用。

【例 7-22】创建类 FinalDemo，实现用关键字 final 修饰方法，代码如下：

```
public class FinalDemo {
    final static int AGE = 5;
    public void testFinal( ){
        //一旦初始化，不能被修改
        //AGE=10;
    }
    public final void testFinal02( ){
        System.out.println("final 修饰的方法");
    }
}
public class FinalSonDemo extends FinalDemo{
    //子类直接报错
  /*  public final void testFinal02( ){
        System.out.println("final 修饰的方法");
    }*/
```

}

在上述代码中，final 修改的 testFinal02 方法在子类中重写，直接导致编译错误。

3. 修饰类

当一个类被关键字 final 修饰时，该类不能被继承。

【例 7-23】创建类 FinalDemo，实现用关键字 final 修饰类，代码如下：

```
final public class FinalDemo {

}
//子类继承直接导致编译错误
/*
public class FinalSonDemo extends FinalDemo{

}
*/
```

在上述代码中，关键字 final 修饰 FinalDemo 类，子类 FinalSonDemo 直接导致编译错误，FinalDemo 类不能被继承。

> **小贴士**
> 经常被使用的 "java.lang.String" 类就是 final 类，不能被其他类继承。这可以确保类的安全性和稳定性。

7.9 多态

7.9.1 多态的定义

多态是继封装、继承之后，面向对象的第三大特性。多态是指同一操作作用于不同的对象可以有不同的表现形式。它允许父类引用指向子类对象，在运行时根据实际对象的类型来决定调用哪个具体的方法。多态主要通过方法重写和方法重载来实现。方法重写是子类对父类中同名方法的重新实现，而方法重载是在同一个类中定义多个同名但参数不同的方法。多态使程序具有更好的可扩展性和可维护性，提高了代码的灵活性和可复用性。

7.9.2 多态的优点和作用

Java 多态具有许多优点和重要作用。它增强了代码的可扩展性，当有新的子类加入时，无须修改现有代码，让新子类遵循多态规则即可。多态提高了代码的可维护性，使代码结构更加清晰，易于理解和修改。多态还增加了代码的灵活性，同一操作可以根据不同的对象类型产生不同的行为。同时，多态促进了代码的复用，父类的方法可以被子类共享和重写，减少了代码的重复编写，提高了开发效率，使程序更加高效和优雅。

7.9.3 多态的实现方式

类的多态性是指一个类拥有不同的表现形式。需要注意的是，只有具有子类继承或实现的父类才具有多态特征，在程序运行时根据指定的子类表现出不同的状态。

1. 向上转型

【例 7-24】例 7-15 实现了继承，现在针对同一案例实现多态向上转型，代码如下：

```java
public class Animal {
    //定义私有的属性：name
    private String name;
    public Animal( ) {
        System.out.println("Animal Constructor");
    }
    public Animal(String name) {
        this.name = name;
    }

    public String getName( ) {
        return name;
    }

    public void setName(String name) {
        this.name = name;
    }

    //定义成员方法：eat 方法
    public void eat( ){
        System.out.println("Animal 动物吃东西");
    }
}
public class Cat extends Animal{
    public Cat( ) {
        super( );
        System.out.println("Cat Constructor");
    }

    public Cat(String name) {
        super(name);
    }

    /**
     * 子类重写了父类的方法
     */
    @Override
    public void eat( ) {
        System.out.println("Cat 猫吃猫粮");
```

```java
        }
        //子类中特有的方法
        public void sleep( ){
            System.out.println("猫在睡觉");
        }
    }
    public class TestCat {
        public static void main(String[ ] args) {
            //使用多态的方式创建对象
            Animal animal = new Cat( );
            //调用的子类重写父类的方法
            animal.eat( );
        }
    }
```

在上述代码中，Cat 对象具体来说是 Cat 类型，在代码中可以被声明为 Animal 类型（父类类型），这种表现称为向上转型。向上转型是程序的默认行为，不需要额外做什么。这样可以在不改变原有代码结构的情况下，以更通用的方式使用或替换子类对象。在 Java 编程语言中，Object 类是所有类的父类，可以将任意对象声明为 Object 类，但不建议这么做。

2. 向下转型

多态的向下转型是将父类引用转换为子类引用，这个过程是强制的。
语法结构如下：

子类类型 变量名 = (子类类型) 父类变量名

【例 7-25】例 7-16 实现了继承，现在针对同一案例实现多态向下转型，代码如下：

```java
public class TestCat {
    public static void main(String[ ] args) {
        //向下转型
        Animal animal=new Animal( );
        Cat cat=(Cat) animal;
    }
}
```

在上述代码中，向下转型必须建立在向上转型的基础上。只有先将子类向上转型为父类引用，才能进行向下转型的操作。在进行向下转型前，最好使用运算符 instanceof 进行判断，以确保向下转型的安全性。如果不进行判断而直接进行向下转型，且父类引用实际指向的对象并非目标子类类型，那么在运行时会抛出 ClassCastException 异常。

7.10 抽象类和抽象方法

7.10.1 抽象类的定义

在 Java 编程语言中，抽象类是使用关键字 abstract 修饰的类。抽象类可以包含抽象方法和非抽象方法。

语法结构如下：

```
访问修饰符  abstract  class 抽象类的名称{
    //抽象方法
    //非抽象方法
}
```

7.10.2 抽象类的特点

1．不能被实例化

不能使用关键字 new 创建抽象类的对象。抽象类的存在主要是为了被继承，由子类实现其抽象方法。

2．可以包含抽象方法和非抽象方法

抽象类可以有具体的实现方法，这些方法可以被子类继承和使用。

3．为子类提供通用的行为和属性

抽象类可以定义一些通用的属性和方法，供子类继承和扩展。

7.10.3 抽象类的实现方式

抽象类使用关键字 abstract 来定义。抽象类可以包含抽象方法和非抽象方法，以及成员变量。

【例 7-26】创建抽象类 AbstractDemo，实现抽象类，代码如下：

```java
//抽象类 AbstractDemo
public abstract class AbstractDemo {
    //抽象方法
    //非抽象方法
}
//子类继承抽象类
public class AbstractDemoSon extends AbstractDemo{
}
public class AbstractDemoTest {
    public static void main(String[ ] args) {
        AbstractDemoSon abstractDemoSon=new AbstractDemoSon( );
    }
}
```

在上述代码中，关键字 abstract 修饰的类叫作下抽象类，由于抽象类不能被实例化，所以不能直接使用关键字 new 创建抽象类的对象。抽象类 AbstractDemo 作为父类，AbstractDemoSon 作为子类，子类 AbstractDemoSon 继承父类 AbstractDemo。抽象类 AbstractDemo 不能直接创建对象，可以通过子类 AbstractDemoSon 创建对象并调用其成员方法和属性。

> **小贴士**
> 子类继承抽象类，可以通过子类创建对象实现，也可以通过多态向上转型实现。抽象类可以继承抽象类，继承的类还是抽象类。

7.10.4 抽象类的作用

1．提供通用模板

抽象类可以为一组相关的子类提供一个通用的模板，定义一些共同的行为和属性。

2．强制子类实现特定的方法

通过定义抽象方法，强制子类实现这些方法，可以确保子类具有特定的行为。

3．实现代码复用

抽象类中的非抽象方法可以被子类复用，减少代码重复。

7.10.5 抽象方法的定义

在 Java 编程语言中，抽象方法是用关键字 abstract 修饰的只有方法签名而没有方法体的方法。抽象方法通常被定义在抽象类中，也可以被定义在接口中。

语法结构如下：

```
访问修饰符 abstract   返回值类型 方法名称(参数列表);
```

7.10.6 抽象方法的实现方式

使用关键字 abstract 修饰的方法是抽象方法，如果这个类中有抽象方法，那么这个类一定是抽象类。

【例 7-27】创建抽象类 AbstractDemo，在这个类中实现抽象方法，代码如下：

```java
//抽象类
public abstract class AbstractDemo {
//抽象方法
    public abstract void testDemo( );
}
//子类继承抽象类
public class AbstractDemoSon extends AbstractDemo{
    @Override
    public void testDemo( ) {
        System.out.println("实现的抽象方法");
    }
}
//测试类
public class AbstractDemoTest {
    public static void main(String[ ] args) {
```

```
        AbstractDemoSon abstractDemoSon=new AbstractDemoSon( );
        abstractDemoSon.testDemo( );
    }
}
```

程序运行结果，如图 7-7 所示。

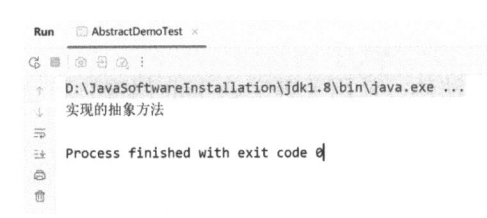

```
D:\JavaSoftwareInstallation\jdk1.8\bin\java.exe ...
实现的抽象方法
Process finished with exit code 0
```

图 7-7　程序运行结果

在上述代码中，关键字 abstract 修饰的方法叫作抽象方法，所以 AbstractDemo 类必须是抽象类，AbstractDemoSon 子类继承 AbstractDemo 类，使用方法重写，重写了 AbstractDemo 类中的抽象方法，在 AbstractDemoTest 类中使用 AbstractDemoSon 子类创建对象，调用重写之后的方法。

> **小贴士**
> 一个类中如果有抽象方法，那么这个类必须是抽象类。抽象方法的存在是为了提供一个规范或契约，要求子类必须实现。这使不同的子类可以根据自身的特点和需求来具体实现抽象方法，从而实现多态性。抽象方法不能直接被调用，必须由具体的子类实现后，通过子类的对象来调用。它促进了代码的可扩展性和可维护性，为程序设计提供了更大的灵活性。

7.11　接口

7.11.1　接口的定义

Java 中的接口是一种特殊的抽象类型，它使用关键字 interface 来定义。接口中可以包含抽象方法、常量（用 public static final 修饰的变量），以及默认方法和静态方法（从 Java 8 开始支持）。

语法结构如下：

```
访问修饰符 interface　接口名称{
    //抽象方法
}
```

7.11.2　接口的特点

1. 高度抽象

接口只定义行为规范，不包含具体的实现。

2．多实现性

一个类可以实现多个接口，这为代码的灵活性和可扩展性提供了很大的空间。

3．常量定义

在接口中可以定义常量，这些常量在实现接口的类中可以直接使用。

4．默认方法和静态方法

从 Java 8 开始，在接口中可以有默认方法（有方法体，使用关键字 default 修饰）和静态方法，这使接口的功能更加强大。

7.11.3 接口的作用

1．定义标准

接口为不同的类提供统一的行为规范，使不同的类可以以相同的方式进行交互。

2．解耦

接口降低了类之间的耦合度，使代码更易于维护和扩展。

3．支持多态

实现接口的不同类的对象可以被视为接口类型的对象，从而实现多态性。

7.11.4 接口的实现方式

1．接口的创建

接口使用关键字 interface 来定义。

【例 7-28】创建接口 InterfaceDemo，代码如下：

```
public interface InterfaceDemo {
//静态常量
    int A=10;
    //抽象方法
    public void demo( );
}
```

在上述代码中，关键字 interface 定义接口，在接口中编写抽象方法和静态常量，抽象方法 demo 可以不写关键字 abstract，在静态常量 A 中可以不写关键字 final static，直接定义就是常量。从 Java 8 以后的版本可以写默认方法和静态方法。

2．类实现接口

使用关键字 implements，一个类可以实现一个或多个接口，并实现接口中所有的抽象方法。

【例 7-29】创建接口 InterfaceDemo 和 InterfaceDemo02，创建类 InterfaceDemoTest，实现类实现接口的功能，代码如下：

```
public class InterfaceDemoTest implements InterfaceDemo,InterfaceDemo02{
    //重写 InterfaceDemo 接口的抽象方法
```

```
        @Override
        public void demo( ) {
            System.out.println("InterfaceDemo");
        }
    //重写 InterfaceDemo02 接口的抽象方法
        @Override
        public void demo02( ) {
            System.out.println("InterfaceDemo02");
        }
    }
```

在上述代码中,我们可以看出,实现接口使用的关键字是 implements。一个类可以实现一个或多个接口,并且将接口中的抽象方法全部重写。

3. 接口继承接口

一个接口可以使用关键字 extends 继承其他接口,继承后的接口包含父接口中的所有方法。

【例 7-30】创建接口 InterfaceDemo,InterfaceDemo02 和 InterfaceDemo03,实现用接口继承接口的功能,代码如下:

```
public interface InterfaceDemo03 extends InterfaceDemo,InterfaceDemo02{
    //继承 InterfaceDemo 接口的抽象方法
    @Override
    public void demo( ) ;
    //继承 InterfaceDemo02 接口的抽象方法
    @Override
    public void demo02( );
}
```

在上述代码中,InterfaceDemo03 作为子接口,继承了接口 InterfaceDemo 和 InterfaceDemo02,接口 InterfaceDemo03 可以继承接口 InterfaceDemo 和 InterfaceDemo02 的全部方法。我们可以看出,接口继承可以是单继承,也可以是多继承。但是,类只能是单继承,不能是多继承。

7.11.5 抽象类与接口的区别

抽象类与接口有以下区别。

(1) 抽象类可以有非抽象方法和构造方法,接口只能有抽象方法和常量(Java 8 后的版本有默认方法和静态方法)。

(2) 抽象类只能单继承,而接口可以多继承。

(3) 抽象类中的方法可以有不同的访问修饰符,而接口中的方法默认都是 public 的。

本章小结

(1) 面向对象的核心思想是一切皆对象。面向对象编程是一种程序设计思想,主要依靠对象之间的交互完成一件事情。

（2）类通常由字段（属性）和方法（行为）组成。字段表示对象的状态，方法用于定义对象可执行的操作。

（3）构造方法也叫作构造器，用于创建对象，以及对对象进行初始化。创建对象都必须通过构造方法初始化。

（4）静态变量不属于任何对象，静态方法不是由对象触发的。

（5）封装。从 Java 语言机制的角度，封装就是限制对象访问自己属性或函数的范围。从面向对象编程的角度，封装就是以类为单位组织变量（属性）或函数（行为），以对象的方式访问类中的成员（是对象自身的关系）。

（6）继承。从 Java 语言机制的角度，继承就是通过关键字 extends 组织子类与父类之间的关系，让子类对象拥有父类的成员。从面向对象编程的角度，继承就是以宏观的角度扩展原有组件，去丰富扩展后的组件（是父类和子类之间的关系）。

（7）多态。从 Java 语言机制的角度，多态就是父类有多种子类对象，多个子类调用相同的函数，出现不一样的结果。从面向对象编程的角度，多态就是方法重载、行为多态（是父类和子类之间的关系）。

（8）在 Java 编程语言中，抽象类是使用关键字 abstract 修饰的类。抽象类可以包含抽象方法和非抽象方法。抽象方法是只有方法签名而没有方法体的方法，即只声明方法而不提供具体实现的方式。

（9）接口是 Java 中的一种特殊的抽象类型，它使用关键字 interface 定义。接口可以包含抽象方法、常量（用 public static final 修饰的变量），以及默认方法和静态方法（从 Java 8 开始支持）。

关键术语

封装（encapsulation）、继承（inheritance）、多态（polymorphism）、静态（static）、最终（final）

习题

选择题

以下关于静态方法的说法错误的是（　　）。

A．静态方法可以通过类名直接调用
B．静态方法中不能使用关键字 this
C．静态方法可以访问非静态成员变量
D．静态方法属于类，而不是类的实例

实际操作训练

设计一个圆形类，要求提供求周长和面积的静态方法。

第 8 章 内部类

【本章教学要点】

知 识 要 点	掌 握 程 度	相 关 知 识
内部类	了解	1. 内部类的定义 2. 成员内部类 3. 局部内部类
静态内部类	了解	1. 静态内部类的定义 2. 静态内部类的使用
匿名内部类	了解	匿名内部类

【本章技能要点】

技 能 要 点	掌 握 程 度	应 用 方 向
成员内部类	了解	1. 应用开发 2. Web 开发 3. 桌面开发 4. 大数据开发 5. 游戏开发
局部内部类	了解	1. 应用开发 2. Web 开发 3. 桌面开发
静态内部类的使用	了解	1. 应用开发 2. Web 开发 3. 桌面开发
匿名内部类的使用	了解	1. 应用开发 2. Web 开发

【导入案例】

从前，有一只小麻雀生活在一片广阔的森林中。这片森林就像一个庞大的 Java 程序，充满各种奇妙的事物。

小麻雀有一个温暖的家，这个家就好比一个外部类。在这个家里有一个小房间，那就是成员内部类。小房间了解家里的每个角落，就像成员内部类可以访问外部类的所有成员一样。小麻雀无论做什么，小房间都能知晓，因为小房间和家紧密相连。

有一天，小麻雀出去觅食，飞到了一条小溪边。它在那里看到一只忙碌的蚂蚁正在搬运食物。小麻雀决定观察蚂蚁一会儿。这时候，小麻雀的脑海中出现了一个局部内部类，就像它在这个特定的观察蚂蚁的场景中出现的一个临时想法。这个局部内部类只能在小麻雀观察蚂蚁的这段时间存在，一旦小麻雀飞走，这个局部内部类也就消失了。小麻雀在观察蚂蚁的时候，还注意到旁边有一片叶子。这片叶子很特别，就像局部内部类可以访问外部类的成员及方法局部变量一样。但是，这片叶子必须固定不变，就如同局部变量必须被声明为 final 才能被局部内部类访问一样。

后来，小麻雀在回家的路上遇到了一个难题，它不知道怎么飞过一个很宽的峡谷。正在它苦恼的时候，一只神秘的大鸟飞了过来，帮助它飞过了峡谷。这只神秘的大鸟就像一个匿名内部类，没有名字，却在小麻雀最需要的时候出现，完成了特定的任务。它继承了"会飞的生物"这个特性，就像匿名内部类必须继承一个父类或实现一个接口一样。

小麻雀通过自己的经历，明白了森林中的各种奇妙关系，就像我们通过 Java 内部类了解了程序的复杂结构和巧妙设计。它知道每个部分都有自己的作用，就像 Java 内部类在程序中发挥着独特的价值，让整个程序世界更加丰富多彩。

【课程思政】

外部类体现了封装与协作的理念，正如一个人在社会中要明确自己的定位，与他人良好协作。成员内部类对外部类的忠诚访问，可以引申为对集体的忠诚与奉献。通过学习局部内部类在特定场景中发挥作用，学生可以学会把握时机、因地制宜地解决问题。通过学习匿名内部类默默付出，学生可以明白团队中的无名英雄的重要性，为实现团队的共同目标贡献力量。学生在学习 Java 内部类知识的同时，可以培养良好的品德和价值观。

8.1 内部类

8.1.1 内部类的定义

内部类是被定义在另一个类内部的类，可以分为成员内部类、局部内部类等类型。
语法结构如下：

```
访问修饰符 class 外部类的名称{
    //定义成员变量
    //定义成员方法
    访问修饰符 class 内部类名称{
        //定义内部类的成员变量
        //定义内部类的成员方法
    }
}
```

【例 8-1】 创建类 ExtClassDemo，实现对内部类的创建，代码如下：

```java
public class ExtClassDemo {
    //定义成员变量
    int a=10;
    //定义成员方法
    public void testDemo( ){
        System.out.println("外部类的方法");
    }
```

```
        //定义内部类
        public class InnerClassDemo {
            //定义内部类的成员变量
            int b=20;
            public void testDemo( ){
                System.out.println("内部类的方法");
            }
        }
    }
```

在上述代码中，ExtClassDemo 类是外部类，InnerClassDemo 类是内部类，变量 a 是外部类的成员变量，变量 b 是内部类的成员变量。

小贴士
在外部类中定义的成员和内部类的成员可以有相同的名称。

8.1.2 成员内部类

（1）成员内部类定义在外部类的成员位置，就像外部类的成员变量和成员方法一样。
（2）成员内部类可以访问外部类的所有成员，包括私有成员。
（3）创建成员内部类对象，需要先有外部类对象，可以通过"外部类对象.内部类对象"的方式来创建。

语法结构如下：

```
外部类 外部类对象名称=new 外部类( );
外部类.内部类 内部类对象=外部类对象名称.new 内部类( );
```

【例 8-2】创建类 ExtClassDemo，实现对内部类成员的访问，代码如下：

```
public class ExtClassDemo {
    //定义成员变量
    int a=10;
    private int c=30;
    //定义成员方法
    public void testDemo( ){
        System.out.println("外部类的方法");
    }
    //定义内部类
    public class InnerClassDemo {
        //定义内部类的成员变量
        int b=20;
        public void testDemo( ){
            System.out.println(a);
            System.out.println(c);
            ExtClassDemo.this.testDemo( );
            System.out.println("内部类的方法");
        }
    }
}
```

```java
}
public class ExtClassDemoTest {
    public static void main(String[ ] args) {
        ExtClassDemo extClassDemo=new ExtClassDemo( );
        ExtClassDemo.InnerClassDemo innerClassDemo=extClassDemo.new InnerClassDemo( );
        //调用内部类的成员变量
         System.out.println(innerClassDemo.b);
        //调用的内部类的方法
        innerClassDemo.testDemo( );
    }
}
```

程序运行结果,如图 8-1 所示。

```
Run    ExtClassDemoTest ×
D:\JavaSoftwareInstallation\jdk1.8\bin\java.exe ...
20
10
外部类的方法
内部类的方法

Process finished with exit code 0
```

图 8-1　程序运行结果

在上述代码中,在 InnerClassDemo 内部类的 testDemo 方法中可以调用外部类的成员,包括私有成员,通过"extClassDemo 外部类对象.new InnerClassDemo( )"创建内部类对象,"innerClassDemo.b"访问的是内部类的成员变量,"innerClassDemo.testDemo( )"访问的是内部类的成员方法。

8.1.3　局部内部类

(1)局部内部类被定义在外部类的方法内部。局部内部类只能在定义它的方法内部被访问。
(2)局部内部类可以访问外部类的成员及方法局部变量,局部变量只有被声明为 final 才能被局部内部类访问。

【例 8-3】创建类 ExtClassDemo02,实现对局部内部类的定义和访问,代码如下:

```java
public class ExtClassDemo02 {
    int extB=10;
    //定义外部类的成员方法
    public void testDemo( ){
        //在方法中定义局部内部类
        class LocalInnerDemo{
            int a=10;
            public void test( ){
                //访问外部类的成员
                System.out.println(extB);
                System.out.println("局部内部类的方法");
            }
```

```
        }
        //创建局部内部类对象
        LocalInnerDemo localInnerDemo=new LocalInnerDemo( );
        localInnerDemo.test( );
        localInnerDemo.a=20;
        System.out.println(localInnerDemo.a);
    }
}
```

在上述代码中，LocalInnerDemo 是在 testDemo 方法内部定义的局部内部类。

8.2 静态内部类

静态内部类是嵌套在另一个类中的类，并且使用关键字 static 进行修饰。

8.2.1 静态内部类的定义

静态内部类与外部类的关系相对独立，它可以访问外部类的静态成员，但不能直接访问外部类的非静态成员。静态内部类不依赖外部类的实例存在，这意味着可以在不创建外部类对象的情况下创建静态内部类对象。

【例 8-4】创建类 ExtClassStaticDemo，实现对静态内部类的创建，代码如下：

```
public class ExtClassStaticDemo {
    private static int a=10;
    private int b=20;
    static class StaticInnerClassDemo{
        private int c=30;
        public void testDemo( ){
            //访问外部类的静态成员
            System.out.println(a);
            //不能直接访问外部类的非静态成员
            //System.out.println(b);
            //可以直接访问静态内部类的非静态成员
            System.out.println(c);
        }
    }
}
```

在上述代码中，StaticInnerClassDemo 是 ExtClassStaticDemo 的静态内部类，在静态内部类中可以直接访问外部类的静态成员，但不能访问外部类的非静态成员；在静态内部类中可以访问静态成员或非静态成员。

8.2.2 静态内部类的使用

（1）可以通过"外部类名.内部类名"的方式创建静态内部类对象，无须先创建外部类对象。

（2）静态内部类可以包含静态和非静态成员，包括方法、变量和其他内部类。

【例 8-5】创建类 ExtClassStaticDemo，实现对静态内部类的使用，代码如下：

```java
public class ExtClassStaticDemo {
    private static int a=10;
    private int b=20;
    static class StaticInnerClassDemo{
        private int c=30;
        public void testDemo( ){
            //访问外部类的静态成员
            System.out.println(a);
            //不能直接访问外部类的非静态成员
            //System.out.println(b);
            //可以直接访问静态内部类的非静态成员
            System.out.println(c);
        }
    }
}
public class ExtClassStaticDemoTest {
    public static void main(String[ ] args) {
        ExtClassStaticDemo.StaticInnerClassDemo staticInnerClassDemo=
new ExtClassStaticDemo.StaticInnerClassDemo( );
        staticInnerClassDemo.testDemo( );
    }
}
```

程序运行结果，如图 8-2 所示。

```
D:\JavaSoftwareInstallation\jdk1.8\bin\java.exe ...
10
30
Process finished with exit code 0
```

图 8-2　程序运行结果

在上述代码中，静态内部类 StaticInnerClassDemo 可以直接访问本类中的非静态成员和静态成员，可以直接使用"外部类名.内部类名"的方式创建对象。

小贴士

静态内部类在一些情况下非常有用。例如，当一个内部类不需要访问外部类的非静态成员，并且希望独立于外部类的实例存在时，就可以使用静态内部类来更好地实现封装和代码组织。

8.3 匿名内部类

匿名内部类是一种特殊的局部内部类，它可以在声明的同时进行实例化，通常用于实现接口或继承抽象类。它的主要特点是简洁、方便，可以快速为特定的接口或抽象类创建一个实现类的实例，而无须单独定义一个类。

【例 8-6】创建接口 MyInterfaceDemo，实现对匿名内部类的定义，代码如下：

```
public interface MyInterfaceDemo {
    public void myMethod( );
}
public class ExtAnonymousClassDemo {
    public static void main(String[ ] args) {
        //接口不能直接创建对象，可以使用匿名内部类实现
        MyInterfaceDemo myInterfaceDemo=new MyInterfaceDemo( ) {
            @Override
            public void myMethod( ) {
                System.out.println("匿名内部类");
            }
        };
    }
}
```

在上述代码中，创建了一个实现 MyInterfaceDemo 接口的匿名内部类的实例，并将其赋值给 myInterfaceDemo 变量，这样就可以重写 MyInterfaceDemo 接口的方法。

本章小结

（1）非静态内部类必须在外部类的实例存在的情况下才能创建对象；可以直接访问外部类的所有成员，包括私有成员。外部类可以通过非静态内部类的引用来访问内部类的成员。

（2）静态内部类可以不依赖外部类的实例而直接创建对象；只能访问外部类的静态成员，不能直接访问外部类的非静态成员；通常用于将一些相关的辅助类封装在外部类中，提高代码的封装性和可读性。

（3）局部内部类定义在方法或代码块内部，作用域仅限于该方法或代码块；可以访问外部类的成员，以及所在方法的局部变量（在 Java 8 及以后的版本中，如果局部变量事实上是"有效 final"，即没有被重新赋值，那么也可以被局部内部类访问）；通常用于在特定的方法或代码块中实现特定的功能，并且不需要在外部类的其他地方重复使用。

（4）匿名内部类是没有名称的内部类，通常在需要创建一个只使用一次的类实例时使用。匿名内部类可以实现接口或继承抽象类，在定义的同时进行实例化。它可以使代码更加简洁，但可能降低代码可读性，适用于快速实现简单的功能。

关键术语

局部内部类（local inner class）、静态内部类（static inner class）、匿名内部类（anonymous inner class）

习题

选择题

（1）关于匿名内部类，以下说法正确的是（　　）。
　　A．匿名内部类可以有构造方法
　　B．匿名内部类不能实现接口
　　C．匿名内部类可以访问外部类的私有成员
　　D．匿名内部类不能继承抽象类

（2）以下关于内部类的说法，正确的是（　　）。
　　A．内部类不能访问外部类的成员变量
　　B．内部类可以声明为 static，此时它可以直接访问外部类的非 static 成员变量
　　C．内部类可以是 private 的，这样它只能在外部类内部被访问
　　D．内部类的实例总是和外部类的实例一起创建，不能单独创建内部类的实例

（3）在一个方法内部定义的内部类称为（　　）。
　　A．成员内部类　　　　　　　　　　B．局部内部类
　　C．匿名内部类　　　　　　　　　　D．静态内部类

第 9 章
异常处理

【本章教学要点】

知识要点	掌握程度	相关知识
异常概念	掌握	1. 异常概述 2. 异常体系结构 3. 常用异常类
异常处理	重点掌握	1. 异常捕获 2. 异常抛出
自定义异常类	重点掌握	1. 自定义异常类概述 2. 自定义异常类的实现 3. 异常链

【本章技能要点】

技能要点	掌握程度	应用方向
什么是异常	掌握	1. 应用开发 2. Web 开发
关键字 try、catch、finally、throw、throws 的使用	重点掌握	1. 应用开发 2. Web 开发 3. 服务器开发
自定义异常类	重点掌握	1. 应用开发 2. Web 开发 3. 服务器开发

【导入案例】

从前，有一匹小马生活在一个美丽的农场里。小马一直渴望到河对岸去探索新的世界。

有一天，小马终于鼓起勇气准备过河。它来到河边，看着河水湍急，心里有些害怕。小马小心翼翼地把一只蹄子伸进水里，河水的凉意让它打了一个寒战。它不知道河水到底有多深，也不知道自己能不能安全过河。

就在小马犹豫不决的时候，它想起了妈妈曾经告诉它的话："遇到困难不要害怕，要勇敢地去尝试。"于是，小马决定勇敢地迈出第一步。

小马慢慢走进河里，河水越来越深，很快就没过了它的膝盖。小马心里开始紧张起来，但还是继续往前走。突然，小马脚下一滑，差点摔倒。它惊恐地发现河水变得更加湍急了，它被水流冲得有些站不稳。

在 Java 编程中，当程序运行时也可能遇到各种意外情况，这就是异常。例如，文件读取失败、网络连接中断、数组越界等。这些异常就像小马过河时遇到的困难一样，如果不加以处理，程序就可能崩溃。

在 Java 编程语言中，我们可以使用 try-catch 语句来处理异常。这就像小马过河时有一些应对危险的方法，就能更加安全地过河了。

小马在河里挣扎了一会儿，终于冷静下来。它想起了妈妈教它的游泳技巧，于是努力保持平衡，用四肢划水，慢慢向对岸游去。

同样，在 Java 程序中，当捕获到异常时，我们可以采取相应的措施来处理。例如，当文件读取失败时，我们可以提示用户文件不存在或尝试重新读取；当网络连接中断时，我们可以尝试重新连接或使用备用网络。

最后，小马成功游到了对岸，它兴奋地在草地上奔跑，探索新的世界。

在 Java 编程中，通过合理处理异常，我们可以让程序更加稳定、可靠，就像小马成功过河一样，能够顺利完成各种任务。

【课程思政】

（1）善于发现问题，敢于改进问题。

在学习关于异常的内容时，列举由软件引起的重大事故案例，强调发现问题的重要性，培养学生面对困难时不卑不亢、迎难而上、敢于解决问题的精神，引导学生树立责任意识，培养学生的社会责任感。

（2）探索与发展。

在学习"异常类发展史"时，让学生从中体会科学探索的重要性，培养敢于质疑权威、勇攀高峰的科学精神，以及追求真理、严谨治学的求实精神，进一步培养学生的职业道德。

（3）相互学习与进步。

在学习"常用异常类"时，引导学生保持空杯心态，始终保持虚心谦卑的态度，让学生能够更好地与他人相处，培养良好的沟通和合作能力，并不断追求进步和提高自己的能力。

（4）创新能力。

通过学习案例，培养学生精益求精的工匠精神、严谨的工作态度和创新思维能力，以及理解、分析和解决复杂问题的能力。

9.1 异常概念

9.1.1 异常概述

在日常生活中，如果有人身体某个部位不舒服，该部位和正常情况相比有些不同，其功能受到影响，我们就会判断这个人生病了。在程序执行过程中，如果出现非预期情况，最终导致 JVM 非正常停止，我们就称程序"生病了"，即发生异常了。

Java 的异常处理机制提供了一种结构化的方式来处理程序运行时可能出现的错误情况。它使程序能够在出现问题时，以一种可控的方式进行处理，而不是突然崩溃。通过对异常的处理，程序员可以更好地预测和处理可能出现的问题，提高程序的稳定性和可靠性。

9.1.2 异常体系结构

Java 语言有强大的异常处理机制，能够将代码控制权从出错点转移到最近的异常处理器。异常机制能够帮助我们找到程序中的问题，Java 中异常的基类是 java.lang.Throwable，其下有两个异常分支——java.lang.Error 和 java.lang.Exception，代码中抛出的异常通常指 java.lang.Exception。Java 异常体系如图 9-1 所示。

```
              ┌─ Error ──── 无法使用代码处理的异常，如内存溢出
Throwable ────┤
              │              ┌─ 运行时异常
              └─ Exception ──┤
                             ├─ 通过编译，但代码逻辑有误，需要处理
                             └─ 非运行时异常
```

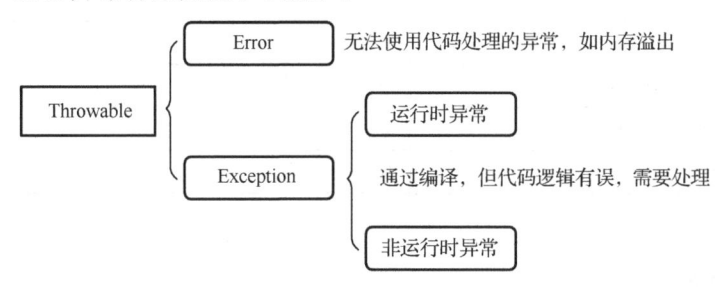

图 9-1　Java 异常体系

Error 是在正常环境中不希望被程序捕获的异常。Java 在运行中使用 Error 来显示与系统本身相关的错误。堆栈溢出就是这种错误的一个例子。

Exception 用于表示代码程序可能出现的异常情况，它用创建自定义异常类的父类来表示异常。异常产生后，程序员可以通过代码方式纠正，使程序继续运行。Exception 又可以细分为运行时异常和非运行时异常，也称为未检查异常和检查异常。

运行时异常都是 RuntimeException 类及其子类，这些异常是未检查异常。在程序中，你可以选择捕获和处理这些异常，也可以不理会。这些异常通常是由程序中的逻辑错误引起的，程序应该尽可能避免此类异常。

非运行时异常是 RuntimeException 以外的异常，也称为检查异常。它们都属于 Exception 类及其子类。对这种异常，Java 编译器强制要求进行捕获处理，否则程序无法通过编译（受 Java 编译器检查）。

9.1.3 常用异常类

Java 预定义了很多异常类，位于 java.lang 包中，用于对程序中不同异常的声明或抛出，我们应该根据异常类型去合理处理或抛出合适的异常。表 9-1 列出了一些常用的异常类及其说明。

表 9-1　常用的异常类及其说明

异 常 类	说　　明
Exception	异常层次结构的根类
RuntimeException	运行时异常，多数 java.lang 异常的根类
ArithmeticException	算术异常，如用零做除数
ArrayIndexOutOfBoundException	数组小于或大于实际的数组大小
NullPointerException	尝试访问 null 对象成员，空指针异常

续表

异 常 类	说　　明
ClassNotFoundException	不能加载所需的类
NumberFormatException	数字转化格式异常，如从字符串到 float 型数字的转换无效
IOException	I/O 异常的根类
FileNotFoundException	找不到文件
EOFException	文件结束
InterruptedException	线程中断
IllegalArgumentException	方法接收到非法参数
ClassCastException	类型转换异常
SQLException	数据库操作异常

9.2 异常处理

9.2.1 异常捕获

对可能抛出异常的代码块，我们可以使用 try-with-resource 方式进行处理，涉及的关键字为 try、catch、finally。语法块分为 try-catch 与 try-catch-finally。

（1）try-catch：捕获异常。

语法结构如下：

```
try{
    将可能发生异常的代码放入 try 代码块中
}catch(异常类型){
    处理异常的手段，如：记录日志/打印异常信息/继续抛出异常
}catch(异常类型){
    处理异常的手段，如：记录日志/打印异常信息/继续抛出异常
}...
```

【例 9-1】读取文件以获取一个文件输入流，在传入文件路径时，可能参数为空；即使文件路径不为空，也不能排除这个文件路径是无效的。因此，代码应该考虑这些问题并捕获这些问题，代码如下：

```java
import java.io.FileInputStream;
import java.io.FileNotFoundException;

public static void readFile(String filePath){
    try {
        FileInputStream fis = new FileInputStream(filePath);
    }catch (NullPointerException e){
        System.out.println("文件名不能为空");
    }catch (FileNotFoundException e){
        System.out.println("文件路径异常");
```

```
        }
    }
```

在上述代码中，try-catch 这种异常处理方式，要求多个 catch 中的异常不能相同，并且若 catch 中的多个异常之间有子类与父类异常关系，那么子类异常要在上面的 catch 处理，父类异常要在下面的 catch 处理，否则会出现编译错误。

> **小贴士**
> 若知道代码可能抛出异常，但不清楚是什么具体异常，或不希望过细处理异常，或异常情况较多，则可以统一捕获 Exception 异常，即只要代码有异常，就对其进行捕获。

```java
public static void readFile2(String filePath){
    try {
        FileInputStream fis = new FileInputStream(filePath);
    }catch (Exception e){
        System.out.println("程序错误");
    }
}
```

在上述代码中，多个异常一次捕获，批量处理。

（2）try-catch-finally：不论异常是否出现或被捕获，都希望执行某些操作，这些代码应该放在 finally 代码块中。

语法结构如下：

```java
try{
    //do something
}catch(ExceptionClass e){
    //handle
}finally{
    //handle
}
```

【例 9-2】在例 9-1 中，在使用完毕对象之后，我们期望将流关闭，并且不管代码是否出错，关闭流这个操作必须执行，否则它将一直占用内存资源。此时，应该把这些必要操作放在 finally 代码块中，代码如下：

```java
public static void readFile3(String filePath){
    FileInputStream fis = null;
    try {
        fis = new FileInputStream(filePath);
    }catch (Exception e){
        System.out.println("程序错误");
    }finally {
        try {
            fis.close( );
        } catch (IOException e) {
            e.printStackTrace( );
```

```
            }
        }
    }
```

在上述代码中，你应该避免在 finally 子句中抛出异常，如果不能避免，就在 finally 子句中再次使用 try-catch。需要注意的是，如果 try 代码块抛出异常，那么该异常会被 finally 中的异常覆盖。

9.2.2 异常抛出

在方法声明处使用关键字 throws，表明该方法可能抛出的异常。这样一来，调用该方法的代码，就需要处理这些异常。

语法结构如下：

```
public void methodTest( ) throws 异常类型 1, 异常类型 2 {
    //方法体
}
```

【例 9-3】例 9-1 使用 try-catch 捕获异常，现在使用 throws 抛出异常，代码如下：

```
import java.io.FileInputStream;
import java.io.FileNotFoundException;
public class ThrowableDemo01 {
    public static void readFile(String filePath)throws NullPointerException, FileNotFoundException {
        FileInputStream fis = new FileInputStream(filePath);
    }
}
```

在上述代码中，当异常无法处理或不希望自身直接处理，而是希望将其交由方法调用者处理时，就需要在方法上使用 throws 声明。

9.3 自定义异常类

Java API 提供了许多异常类，如果这些异常类在编程场景中刚好适用，我们就应该使用它们。除非没有一个标准的异常类能够满足需求，我们才需要自定义异常类。

9.3.1 自定义异常类概述

我们可以根据需要自定义异常类。自定义异常类通常继承 Exception 或其子类。对自定义异常类来说，最重要的就是类名，应该做到见名知意。

9.3.2 自定义异常类的实现

异常类定义一般有两种构造方法，一个是无参数构造，另一个是字符串参数构造，用于描述异常信息。

【例9-4】当一个方法抛出异常时，建议使用 javadoc 的@throws 标签来文档化。这里有一个自定义的注册异常类，代码如下：

```java
public class RegisterException extends Exception{
    /**
     * 无参数构造
     */
    public RegisterException( ) {
    }
    /**
     * 有参数构造
     * @param message 异常提示信息
     */
    public RegisterException(String message) {
        super(message);
    }
}
```

在上述代码中，我们可以看出自定义异常类需要继承 Exception 类，类的名称见名知意。

9.3.3 异常链

在 Java 编程语言中，异常链（exception chaining）是一种将一个异常与另一个异常关联起来的机制。它允许你在捕获一个异常后，抛出一个新的异常，并将原始异常作为新的异常的原因。这样可以在不丢失原始异常信息的情况下，提供更具体的异常上下文。

本章小结

（1）在 Java 编程语言中，异常的基类是 java.lang.Throwable，其下有两个异常分支——java.lang.Error 和 java.lang.Exception。Error 一般是指无法用代码处理的系统问题，代码中抛出的异常通常指 Exception。

（2）异常处理涉及的关键字有 try、catch、finally、throw、throws。

（3）自定义异常类必须从已有的异常类继承，一般继承 Exception。

（4）异常链机制是指将捕获的异常包装进一个新的异常中并重新抛出异常的机制。

关键术语

异常（Exception）、抛出（Throwable）、错误（Error）、最终（finally）

习题

选择题

（1）自定义异常类通常继承（　　）。

  A．Error   B．Exception

  C．Throwable   D．RuntimeException

（2）以下哪一种异常必须在方法签名中声明或在方法内部捕获处理？（　　）

  A．RuntimeException   B．Error

  C．CheckedException   D．UncheckedException

（3）以下关于 RuntimeException 的说法，正确的是（　　）。

  A．RuntimeException 必须在方法签名中声明

  B．RuntimeException 是 CheckedException 的一种

  C．NullPointerException 和 ArrayIndexOutOfBoundsException 属于 RuntimeException

  D．程序不会因为 RuntimeException 而终止

第 10 章
字符串和常用类库

【本章教学要点】

知 识 要 点	掌 握 程 度	相 关 知 识
字符串定义和通用操作	掌握	1. 创建字符串 2. 字符串通用操作 3. String API
StringBuilder 和 StringBuffer	重点掌握	1. StringBuilder 和 StringBuffer 概述 2. 常用方法 3. StringBuilder 和 StringBuffer 的区别
正则表达式	重点掌握	1. 正则表达式概述 2. 正则表达式的语法 3. 正则表达式的使用
Java 常用类库	掌握	1. Object 类 2. Math 类 3. Random 类 4. Date 类 5. 包装类

【本章技能要点】

技 能 要 点	掌 握 程 度	应 用 方 向
字符串 API 的使用	掌握	1. 应用开发 2. 移动端开发
StringBuilder 和 StringBuffer 的区别	重点掌握	1. 应用开发 2. Web 开发 3. 服务器开发
正则表达式的定义	重点掌握	1. 表单校验 2. 文本查找 3. 内容替换
Java 常用类库的使用	掌握	1. 应用开发 2. Web 开发 3. 桌面开发 4. 大数据开发 5. 游戏开发

【导入案例】

小林在学习完 Java 基础语法和面向对象思想后，想实战"用户注册"功能。

为实现这个功能，小林需要思考并解决下面的问题。

接收用户名信息、手机号码及密码信息，这些信息以什么类型存储更合适？

对手机号码、密码，应该能够校验，以确保用户输入的是正确的手机号码格式、密码不能太短，如何对信息进行匹配校验？

在注册表单中，程序应该能够生成一串随机数，作为验证码，Java 是否提供了类似功能的 API？

用户注册完后，账号有效期应该为固定的一段时间，在 Java 编程语言中如何表示日期类型，以及对日期进行计算？

为解决上述问题，小林需要学习字符串类型与字符串相关操作、正则表达式的语法与使用，以及一些 Java 常用的工具类。

【课程思政】

（1）遵守法律法规。

在学习正则表达式时，强调遵守社会规范的重要性，培养学生将遵纪守法作为自己的责任与义务。

（2）弘扬优秀中华传统文化。

在学习"字符串"时，适当引入古诗词，体现传统文化的魅力，引导学生增强文化自觉，坚定文化自信。

（3）相互学习与进步。

在学习"常用类库"时，引导学生保持空杯心态，始终保持谦卑的态度，能够更好地与他人相处，不断进步。

10.1 字符串定义和通用操作

在 Java 编程语言中，字符串（String）是一种常见的数据类型，主要用于存储文本信息。

与字符串相似的概念叫字节（byte）。字节是存储容量的基本单位，一个字节等于 8 个二进制单位。字符是数字、字母、汉字等符号，一个字符由一个或多个字节组成，字符串由一个或多个字符组成。无论是处理用户的输入输出，还是与外部通信，字符串都具有重要作用。

10.1.1 创建字符串

字符串必须在一对引号（双引号）之内。

语法结构如下：

```
String 字符串名称="xxxx";
```

用这种方式创建的字符串会被放入字符串常量池中。如果在程序的其他地方再次使用相同的字面值创建字符串，Java 就会直接返回常量池中已有的字符串对象，避免重复创建，以节省内存空间。字符串 java.lang.String 被 final 修饰，所以 String 是不可变的。JVM 使用字符串常量池来保存所有的字符串对象。

小贴士

多行文本声明通常使用 "\n" 进行字符串拼接。Java 在 JDK13 和 JDK 14 中提供了文本块预览功能，该功能成为 JDK15 以上版本的标准功能。文本块支持更友好的多行文本声明，使用三个引号定义文本块。

语法结构如下：

```
String str = """
        Xxxxxxxxxxxxxxx。
Xxxxxxxxxxxxxxx。
        """;
```

字符串类型并不属于 Java 基本数据类型，它是一个对象，由 java.lang.String 类表示。因此，可以像创建一个对象那样创建字符串。

语法结构如下：

```
String 对象名称=new String("xxxx");
```

通过调用 String 类的构造方法来创建一个新的 String 对象。构造方法传入一个字符串字面值，这个新创建的对象在堆内存中分配空间，并将传入的字符串内容复制到这个新的空间中。

10.1.2　字符串通用操作

对一篇文章来说，我们可能想获取文章总字数，进行段落拼接、短句截取、文章比较等操作。对字符串类型来说，这些操作非常简单。

1．获取字符串的长度

我们可以通过调用 length( )，获取字符串的长度。

【例 10-1】获取字符串 helloworldhelloworld 的长度，代码如下：

```
package com.chapter10.string;
public class StringDemo {
    public static void main(String[ ] args) {
        //定义一个字符串
        String string="helloworldhelloworld";
        //获取字符串的长度
        int length = string.length( );
        System.out.println(length);
    }
}
```

程序运行结果，如图 10-1 所示。

```
D:\JavaSoftwareInstallation\jdk1.8\bin\java.exe ...
20
Process finished with exit code 0
```

图 10-1　程序运行结果

在上述代码中，通过调用 string.length( )方法获取字符串 string 的长度，并将其存储在变量 length 中。length( )方法返回一个整数，表示字符串中字符的个数。

2．字符串连接

通过字符串连接符"+"或调用 concat( )，可以将多个字符串拼接成一个字符串：

【例 10-2】一个字符串为 hello，另一个字符串为 world，使用"+"将字符串连接到一起，代码如下：

```java
package com.chapter10.string;
public class StringDemo02 {
    public static void main(String[ ] args) {
        //定义字符串 hello
        String str="hello";
        //定义字符串 world
        String str2="world";
        //将字符串连接到一起
        System.out.println(str+str2);
    }
}
```

程序运行结果，如图 10-2 所示。

```
D:\JavaSoftwareInstallation\jdk1.8\bin\java.exe ...
helloworld
Process finished with exit code 0
```

图 10-2　程序运行结果

在上述代码中，使用"+"将多个字符串拼接在一起，Java 会在编译时自动创建一个 StringBuilder 对象，并调用 append 方法来执行拼接操作，最后调用 toString 方法将结果转换为字符串。

【例 10-3】一个字符串为 hello，另一个字符串为 world，调用 concat( )方法将字符串连接到一起，代码如下：

```java
package com.chapter10.string;
public class StringDemo02 {
    public static void main(String[ ] args) {
        //定义字符串 hello
        String str="hello";
        //定义字符串 world
        String str2="world";
        //将字符串连接到一起
        String concat = str.concat(str2);
        System.out.println(concat);
    }
}
```

程序运行结果，如图 10-3 所示。

图 10-3　程序运行结果

在上述代码中，调用 concat( )方法和"+"获取的结果是一致的，"+"给多个字符串连接提供了便利，但不适用于大规模的生产环境。

3．字符串截取

通过调用 substring( )可以截取子字符串。substring( )被重载两次，substring(int beginIndex)表示从 beginIndex 位置开始，截取到字符串最后一位，字符串位置都是从 0 开始的；substring(int beginIndex, int endIndex)表示从 beginIndex 位置开始，截取到 endIndex，但不包含 endIndex 位置的子字符串。

【例 10-4】针对字符串 helloworldhelloworld，截取长度为 5 到最后的字符串和长度为 5 到 10 的字符串，代码如下：

```java
package com.chapter10.string;
public class StringDemo03 {
    public static void main(String[ ] args) {
        //定义一个字符串
        String string="helloworldhelloworld";
        //字符串截取:长度为 5，从长度为 5 开始，截取到字符串最后
        String substring = string.substring(5);
        System.out.println(substring);
        //字符串截取:长度为 5，从长度为 5 开始，截取到 10
        String substring1 = string.substring(5, 10);
        System.out.println(substring1);
    }
}
```

程序运行结果，如图 10-4 所示。

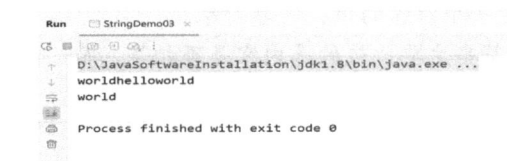

图 10-4　程序运行结果

在上述代码中，其中一个字符串从 5 开始截取，直到 10（但不包括 10 处的字符）。如果 substring 方法只有一个参数，就从 beginIndex 开始截取，直到截取到字符串末尾。

小贴士

1．索引值从 0 开始，如果指定的索引超出了字符串的范围，会抛出 StringIndexOutOfBoundsException 异常。

2．在使用 substring(int beginIndex, int endIndex)方法时，确保 beginIndex 小于或等于 endIndex，否则也会抛出异常。

4. 字符串比较

equals( )方法用来比较两个字符串的内容是否相同。

【例 10-5】一个字符串是 helloworld，另一个字符串是 hello，比较两个字符串的内容是否相同，代码如下：

```
package com.chapter10.string;
public class StringDemo04 {
    public static void main(String[ ] args) {
        //定义字符串：helloworld
        String str="helloworld";
        //定义字符串：hello
        String str02="hello";
        boolean equals = str.equals(str02);
        System.out.println(equals);
    }
}
```

程序运行结果，如图 10-5 所示。

```
D:\JavaSoftwareInstallation\jdk1.8\bin\java.exe ...
false

Process finished with exit code 0
```

图 10-5　程序运行结果

在上述代码中，str 名称调用 equals( )方法与 str02 字符串进行比较，获取的结果为 false，两个字符串的结果是不一致的。如果两个字符串的内容一致，获取的结果就应该是 true。

小贴士

在比较字符串是否相等时，应该谨慎使用 equals( )方法，必须确保方法调用者不为 null，否则程序会报空指针异常（java.lang.NullPointerException）。因为 equals( )方法是 Object 类的方法，任何对象都可以调用 equals( )方法，但 null 是一个特殊的值，而非对象。

不要使用操作符==比较字符串。一般来说，字符串主要比较的是内容是否相等，而==比较的是对象在内存中的内存值是否相等。

10.1.3　String API

java.lang.String 类提供了很多操作字符串的方法，对每个方法的详细描述，请查看 Java 8 API。表 10-1 列举了 String 类部分 API。

表 10-1　String 类部分 API

方　　法	作　　用
boolean contains(CharSequence s) boolean startsWith(String prefix) boolean endsWith(String suffix)	检查字符串是否包含该字符串，或是否以该字符串开始或结束

续表

方　法	作　用
int indexOf(String str) int lastIndexOf(String str)	获取该字符串第一次或最后一次出现的位置
String replace(CharSequence target, CharSequence replacement)	返回一个字符串被替换后的字符串
String toUpperCase( ) String toLowerCase( )	将字符串转为大写或小写

10.2 StringBuilder 和 StringBuffer

10.2.1 StringBuilder 和 StringBuffer 概述

StringBuilder 和 StringBuffer 都是用于处理可变字符串的工具类。上文讲述字符串连接时提到，可以考虑使用 StringBuilder 的 append 方法进行字符串连接。java.lang.StringBuffer 和 java.lang.StringBuilder 都是用于处理字符串的辅助类，二者提供的方法几乎一致。它们底层都是用一个长度为 16 的数组对象来存储字符串值，代码如下：

```java
public final class StringBuffer extends AbstractStringBuilder implements java.io.Serializable, CharSequence{
    public StringBuffer( ) {
        super(16);
    }
    public StringBuffer(String str) {
        super(str.length( ) + 16);
        append(str);
    }
    … …
}
```

无参数实例化一个 StringBuffer 或 StringBuilder 对象的过程，就是创建一个长度为 16 字符的字符串缓存区。若实例化时传递了参数，则会根据当前传递参数对象的长度值来决定字符串缓存区大小，即"实际参数对象长度+16"。这预留的 16 个字符的空间用来对字符串进行修改，如字符串拼接等。当你调用 append 或其他字符串操作方法时，StringBuffer 先检查数组容量是否能够装下新字符串，若装不下，则会对数组进行扩容，代码如下：

```java
abstract class AbstractStringBuilder{
… …
private void ensureCapacityInternal(int minimumCapacity) {
    // overflow-conscious code
    if (minimumCapacity - value.length > 0) {
        value = Arrays.copyOf(value,
                newCapacity(minimumCapacity));
    }
}
private int newCapacity(int minCapacity) {
```

```
            // overflow-conscious code
            int newCapacity = (value.length << 1) + 2;
            if (newCapacity - minCapacity < 0) {
                newCapacity = minCapacity;
            }
            return (newCapacity <= 0 || MAX_ARRAY_SIZE - newCapacity < 0)
                ? hugeCapacity(minCapacity)
                : newCapacity;
        }
    }
```

扩容的逻辑是创建一个新的 char 数组，将现有容量加一倍再加 2；若还是不够用，则其容量将等于所需容量大小。扩展完成后，将原始数组的内容复制到新数组中，最后将指针指向新的 char 数组。

10.2.2 常用方法

StringBuffer 和 StringBuilder 类提供了很多操作字符串的方法，二者提供的方法几乎一样。对每种方法的详细描述，请参考 Java API 在线文档。StringBuffer 与 StringBuilder 常用方法，如表 10-2 所示。

表 10-2 StringBuffer 与 StringBuilder 常用方法

方法	作用
StringBuffer append(CharSequence s)	拼接字符串
StringBuffer delete(int start, int end)	删除指定范围内的内容
StringBuffer replace(int start, int end, String str)	替换指定范围内的字符串
String substring(int start)	返回从指定位置截取的字符串
StringBuffer insert(int index, char[ ] str, int offset,int len)	插入字符串到指定位置

【例 10-6】一个字符串为 hello，另一个字符串为 world，将两个字符串连接到一起，代码如下：

```
package com.chapter10.string;
public class StringBufferBuilderDemo {
    public static void main(String[ ] args) {
        String str="hello";
        String str1="world";
        StringBuffer sb=new StringBuffer(str);
        sb.append(str1);
        System.out.println(sb);
    }
}
```

程序运行结果，如图 10-6 所示。

```
Run    StringBufferBuilderDemo
       D:\JavaSoftwareInstallation\jdk1.8\bin\java.exe ...
       helloworld

       Process finished with exit code 0
```

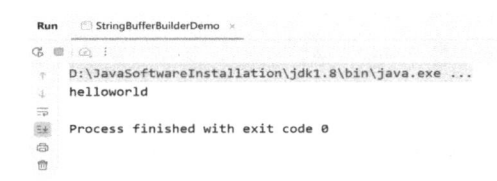

图 10-6　程序运行结果

上述代码显示，将 String 类型可以直接转换为 StringBuffer 类型，使用 StringBuffer 对象的 append 方法进行拼接。

10.2.3　StringBuilder 和 StringBuffer 的区别

StringBuilder 和 StringBuffer 两个类提供的字符串操作几乎完全相同。值得注意的是，StringBuffer 几乎所有的方法都使用关键字 synchronized 声明，这意味着你创建的 StringBuffer 对象对多个线程可见，即这种方法能够保证同一时间点最多只有一个线程调用该方法，用以保证并发编程下的安全。这种处理方式，在保证字符串操作正常的情况下兼顾安全性，牺牲了性能。而 StringBuilder 没有实现线程同步，虽然不能保证线程安全，但效率比 StringBuffer 高。

> **小贴士**
> 如果在实际开发过程中定义的字符串不涉及修改，那么建议使用 String；如果字符串需要更改，不考虑线程安全，希望系统有更好的效率，那么建议使用 StringBuilder；当需要考虑线程安全时，不管怎样，都应该使用 StringBuffer。

10.3　正则表达式

10.3.1　正则表达式概述

正则表达式通过指定一个字符串匹配机制来匹配符合条件的字符串。假设程序需要在接收客户端传来的手机号码后，判断这个手机号码字符串是否是一个有效的手机号码格式，就需要设定一个匹配机制。例如，这个字符串的长度必须是 11 位且第二位字符不能是 2，若匹配国际手机号码，可能还需要匹配国家代码。正则表达式提供了精确的规则描述语法，用以判定合法的匹配。String.matches( )这个方法主要用于返回是否匹配指定的字符串，如果匹配则为 true，反之为 false。这个方法的参数需要传递一条正则表达式。

正则表达式在程序中的应用非常广泛，例如：
（1）表单信息输入校验。
（2）文本内容搜索与替换。
（3）配置文件内容校验。
（4）从网页抓取信息。
……

10.3.2 正则表达式的语法

在正则表达式中，除去一些具有特殊意义的保留字符外，其他字符都表示字符本身：

| . | * | + | ? | { | | | (| [| \ | ^ | $ |

常用保留字符的意义，如表 10-3 所示。

表 10-3 常用保留字符的意义

保留字符	意 义
.	匹配任意单个字符
*	表示前面的表达式可以出现 0 次或多次
+	表示前面的表达式可以出现 1 次或多次
?	表示前面的表达式可以出现 0 次或 1 次
{ }	用于指定匹配次数的保留字符
|	表示或者，即两项规则中满足任意一项
( )	表示匹配括号中的全部字符
[ ]	表示匹配括号中的任意一个字符，用于范围描述
\	转义字符，对转义字符的匹配都需要转义
^	表示匹配字符串的开始位置。若在保留字符 [ ] 内，出现在开头位置，则将取反字符集的匹配
$	表示匹配字符串的结束位置
\d 与 \D	匹配数字
\w 与 \W	匹配字符，[a-zA-Z0-9_]
\s 与 \S	匹配空白字符

示例 1，匹配 6 位数字：\d{6}

示例 2，匹配至少 6 位字符：\w{6,}

示例 3，匹配以 0 开头的任意长度数字：0[0-9]*

示例 4，匹配由 26 个英文字母组成的字符串，不区分大写与小写：[A-Za-z]+

我们需要牢记一些常用的保留字符，对于书中未提到的保留字符，可以通过官网文档查询。

10.3.3 正则表达式的使用

除 String 类的 matches( ) 方法外，正则表达式通常结合使用 Pattern 类或 Matcher 类来实现一个完整的逻辑。

1. Pattern 类

java.util.regex.Pattern 类私有化了构造方法，这意味着创建一个 pattern 对象只能调用其公有的静态方法，如 matches( )、compile( )等。

【例 10-7】以手机号码校验为例，为了校验用户输入的手机号码格式是否正确："第一位数字为 1 且第二位数字不能为 2，长度为 11"。使用 Pattern 类以完善校验逻辑，代码如下：

```java
package com.chapter10.string;
import java.util.regex.Pattern;
public class RegxDemo {
    public static void main(String[ ] args) {
        String phone="130****3876";//用户定义的手机号码
        String regex = "1[3-9]\\d{9}";//正则表达式的规则
        boolean matches = Pattern.matches(regex, phone);
        System.out.println(matches);
    }
}
```

程序运行结果，如图 10-7 所示。

```
D:\JavaSoftwareInstallation\jdk1.8\bin\java.exe ...
true
Process finished with exit code 0
```

图 10-7　程序运行结果

在上述代码中，matches( )的第一个参数为正则表达式，第二个参数为要校验的手机号码字符串，返回一个 boolean 类型的结果，true 表示匹配成功，反之表示匹配失败。对于其他的正则表达式使用方法，可以查阅 Java API 在线文档。

2．Matcher 类

java.util.regex.Matcher 类提供了字符串的索引、查找及替换功能。Matcher 类与 Pattern 类一样，也没有公有构造方法，需要调用 Pattern 对象的 matcher( )方法来获得一个 Matcher 对象。

【例 10-8】想要判断内容是否为正负数，它的正则表达式为[+-]?\\d+，使用 matches( )完成逻辑校验，代码如下：

```java
package com.chapter10.string;
import java.util.regex.Matcher;
import java.util.regex.Pattern;
public class RegxDemo02 {
    public static void main(String[ ] args) {
        String regex = "[+-]?\\d+"; //正则表达式
        Matcher matcher = Pattern.compile(regex).matcher("-35"); //得到 matcher 对象
        boolean result = matcher.matches( ); //得到匹配结果
        System.out.println(result);
    }
}
```

程序运行结果，如图 10-8 所示。

```
Run   RegxDemo02
   D:\JavaSoftwareInstallation\jdk1.8\bin\java.exe ...
   true
   Process finished with exit code 0
```

图 10-8　程序运行结果

在上述代码中，matches( )返回一个与正则表达式规则匹配的 boolean 结果。如果需要了解其他的常用方法，可以查阅 Java API 在线文档。

10.4　Java 常用类库

本节内容主要讲解 Java 中常用类的使用方法，包括 Object 类、Math 类、Random 类、Date 类及包装类。在实际开发中，这些类经常被使用。

10.4.1　Object 类

在 Java 类型关系中，所有类都直接或间接依赖 Object 类，Object 类位于继承树的顶层。如果一个类没有显示声明继承某个类，就默认直接继承 Object 类。Object 类提供无参数构造方法，不提供有参数构造方法。虽然程序一般并不会直接调用 new Object( )，但在子类对象实例化时都会默认调用父类中的无参数构造方法。

所有对象都能调用 Object 类中定义的公有方法，如 hashCode( )、equals( )、toString( )等。尽管 Object 类是一个具体类，但设计它的主要目的是拓展。下面对一些常用方法进行介绍。

1. hashCode( )方法

hashCode( )是一个本地方法（native），Object 类中并没有对该方法具体实现，而是由 C/C++实现，Java 来调用。根据对象地址或其他信息，使用哈希算法计算出 int 类型的散列码。这个哈希值通常用于辅助 equals( )完成比较。注意：同一个对象多次调用 hashCode( )方法必须得到相等的散列码，但相同的散列码不能说明两个对象一定是同一个对象。

【例 10-9】使用 hashCode( )方法判断两个对象是否是同一个对象，代码如下：

```
package com.chapter10.string;

public class PersonDemo {
    private String id;
    private String name;
    private int age;
    public static void main(String[ ] args) {
        PersonDemo p1 = new PersonDemo( );
        PersonDemo p2 = new PersonDemo( );
        System.out.println("p1.hashCode( ) = " + p1.hashCode( ));
        System.out.println("p1.hashCode( ) = " + p1.hashCode( ));
```

```
            System.out.println("p2.hashCode( ) = " + p2.hashCode( ));
    }
}
```

在上述代码中,可以实现相同的散列码,但不能说明两个对象一定是同一个对象。

2. equals( )方法

equals( )方法用以确定两个对象是否相等。如果类未覆盖 equals( )方法(默认情况),那么 equals( )比较的是两个对象的引用地址是否相等,代码如下:

```
public class Object {
        … …
        public boolean equals(Object obj) {
            return (this == obj);
        }
}
```

【例 10-10】使用 equals( )方法判断两个对象内容是否相等,代码如下:

```
package com.chapter10.string;

import java.util.Objects;

public class PersonDemo {
    private String id;
    private String name;
    private int age;

    public String getId( ) {
        return id;
    }

    public void setId(String id) {
        this.id = id;
    }

    public String getName( ) {
        return name;
    }

    public void setName(String name) {
        this.name = name;
    }

    public int getAge( ) {
        return age;
    }

    public void setAge(int age) {
        this.age = age;
    }
```

```java
@Override
public boolean equals(Object o) {
    if (this == o) return true;
    if (o == null || getClass() != o.getClass()) return false;
    PersonDemo that = (PersonDemo) o;
    return age == that.age && Objects.equals(id, that.id) && Objects.equals(name, that.name);
}

@Override
public int hashCode() {
    return Objects.hash(id, name, age);
}
```

在上述代码中，程序调用 hashCode( )方法计算对象散列值，若散列值不相等，则说明两个对象不是同一个对象；若散列值相等，则需要进一步调用 equals( )方法判断。逻辑说明如下：

```
if (this == object) return true;
```

若两个对象的引用地址相等，则返回 true 并结束后续判断（x. equals(x)）；若引用地址不一致，则将进一步判断。

```
if (object == null || getClass( ) != object.getClass( )) return false;
```

对语法 x.equals(y)来说，调用 equals 的对象 x 不能为 null，因为 null. equals(y)本身不能通过编译，所以 x 一定不为 null。若 y 为 null，则直接返回 false；若 y 不为 null，则进一步判断类型；若 x 类型不等于 y 类型，则直接返回 false。

若类型也相同，则进一步做以下判断：

```
Person person = (Person) object;
return age == person.age && Objects.equals(id, person.id) && Objects.equals(name, person.name);
```

对语法 x.equals(y)来说，将 y 转化为具体类型，若年龄、身份证号、姓名都相等，则返回 true。

覆盖 equals( )方法时应该同时覆盖 hashCode( )方法，因为相等的对象必须具有相同的散列码。

小贴士

覆盖 equals( )方法不是强制性的。覆盖看起来很简单，如果实现不当，那么带给程序的后果就不是降低性能这么简单了。类满足以下任意条件，建议不要覆盖 equals( )方法。

1. 实例值受控的类。因为实例值受控的类可以确保"每个值至多只存在一个对象"，如枚举类型。

2. 类不具有特定的"逻辑相等"概念。例如，上一节讲述正则表达式提到的 Pattern 类，覆盖 equals( )方法用于检查两个 Pattern 实例是否代表同一个对象。一般来说，逻辑并不需要这样的判断功能，使用 Object 类或父类提供的 equals( )方法就完全够用了。

3. 类被私有化（private）或包级私有化（default）。此时，equals( )方法不会得到调用。

3. toString( )方法

toString( )是返回对象字符串表示的方法。该字符串由对象作为实例的类的名称、@符号字符和无符号的十六进制对象哈希代码组成,格式为"类全限定名@哈希值"。该字符串以文本方式表示,结果应该是信息丰富的简洁表示,便于代码阅读。所有类都应该重写此方法。

【例 10-11】使用 toString( )方法将对象信息返回成字符串,代码如下:

```
package com.chapter10.string;
import java.util.Objects;
public class PersonDemo {
    private String id;
    private String name;
    private int age;
    @Override
    public String toString( ) {
        return "PersonDemo{" +
                "id='" + id + '\'' +
                ", name='" + name + '\'' +
                ", age=" + age +
                '}';
    }
}
```

在上述代码中,使用 toString( )方法将对象信息返回成字符串。

小贴士

System.out.println( )就是调用类的 toString( )方法,如果类没有重写 toString( ),那么调用的是父类 Object 的 toString( )方法;如果重写了,就按照重写的 toString( )规则组织对象信息文本。

10.4.2 Math 类

java.lang.Math 类用于执行基本的数学运算,如取绝对值、向上取整,以及计算指数、对数、平方根等。Math 类提供的方法都是静态方法,使用类名直接调用即可。表 10-4 为 Math 类常用方法。

表 10-4 Math 类常用方法

成员方法	作用
abs(int a)	取绝对值
ceil(double d)	向上取整
floor(double d)	向下取整
max(int a,int b)	取最大值
pow(double a,double b)	计算 a 的 b 次幂
random( )	计算随机 0~1 的小数
round(float f)	四舍五入
sqrt(double d)	计算算术平方根

示例如下：

```
double num = 3.5;
Math.abs(num);          //3.5
Math.ceil(num);         //4.0
Math.floor(num);        //3.0
Math.max(15, 20);       //20
Math.pow(3, 3);         //27.0
Math.random( );         // 0.25816748356261765
Math.round(num);        //4
Math.sqrt(num);         //1.8708286933869707
```

10.4.3 Random 类

java.util.Random 类用于生成随机数，由随机算法通过一个种子（seed）产生伪随机数。由于 $f(x){\rightarrow}y$，这意味着如果知道了种子，就可能获得接下来的随机数序列的信息，即存在可预测性，所以也称 Random 产生的结果为伪随机数。任何通过算法获得的随机数都称为伪随机数，只有通过真实随机事件产生的数才叫随机数，如放射性衰变、大气噪声等。Random 类提供两个构造方法，用于创建 Random 对象，如表 10-5 所示。

表 10-5 Random 构造方法

构 造 方 法	作　　用
Random( )	以当前时间毫秒值为种子，创建 Random 对象
Random(long seed)	以指定种子创建 Random 对象

【例 10-12】使用 Random 类生成随机数，代码如下：

```
package com.chapter10.string;
import java.util.Random;
public class RandomDemo {
    public static void main(String[ ] args) {
        Random r1 = new Random( );                        //以系统自身时间为种子数
        int randomInt1 = r1.nextInt( );                   //生成随机整数
        System.out.println("randomInt1 = " + randomInt1); //923206161
        Random r2 = new Random(3);                        //自定义种子数
        Random r3 = new Random(3);
        int randomInt2  = r2.nextInt( );
        int randomInt3 = r3.nextInt( );
        System.out.println("randomInt2 = " + randomInt2); //-1155099828
        System.out.println("randomInt3 = " + randomInt3); //-1155099828
    }
}
```

在上述代码中，我们可以看出随机类调用 nextInt( )方法，直接产生随机整数。

由此可见，相同种子数产生的随机数相同。Random 类常用方法，如表 10-6 所示。

表 10-6　Random 类常用方法

方　　法	释　　义
nextInt( )	产生随机整数
nextLong( )	产生随机长整数
nextFloat( )	产生随机 float 小数，范围是[0,1]
nextDouble( )	产生随机 double 小数，范围是[0,1]
nextBoolean( )	产生随机布尔值，true 或 false

10.4.4　Date 类

日期是日常生活或程序代码中常用的信息。例如，我们想传达这样一条信息："hey honey，我们在 1722087724174 时间点会面！"这样的时间戳表达看起来很不友好，我们希望把时间的年、月、日、时、分、秒描述出来，抑或将时间提前或延后，这使日期类变得非常复杂。

在我们的认知中，有两种时间表示：本地时间和带时区的时间。假设我们在讨论生日问题，x 年 y 月 z 日 a 点 b 分出生，往后每年 y 月 z 日举办生日派对。若考虑时区问题，可能使你在不同地区举办的派对时间提前或延后一天。为了避免这些问题，应该使用本地时间，而不要用带时区的时间。

Java 1.0 版本具有 java.util.Date 日期类，用于处理时间。事后证明，早期的时间 API 设计缺陷非常多。Java 1.1 推出 java.util.Calendar 日历类后，大部分的 Date 方法都不推荐使用了。后来，Java 8 引入 java.time.LocalDate 类，用于更好地处理时间问题。本节针对 Java 8 的新日期 API 进行介绍。

java.util.LocalDate 是一个带年、月、日的日期对象，而 java.util.LocalDateTime 会额外附带时、分、秒信息。构建一个时间对象，可以使用静态方法 now 或 of，代码如下：

```
LocalDate now = LocalDate.now( );
LocalDate localDate = LocalDate.of(2024, 7, 27);
LocalDateTime now1 = LocalDateTime.now( );
LocalDateTime localDateTime = LocalDateTime.of(2024, 7, 27, 22, 15, 56);
```

表 10-7 列出了 LocalDate 常用的方法，LocalDateTime 的方法类似。

表 10-7　LocalDate 常用的方法

方　　法	描　　述
plusDays、plusWeeks、plusMonths、plusYears	给当前时间点增加几天、几周、几个月、几年（时间延后）
minusDays、minusWeeks、minusMonths、minusYears	给当前时间点减少几天、几周、几个月、几年（时间提前）
withDayOfMonth、withDayOfYear	将月的第几天或年的第几天作为一个新 LocalDate 对象返回
withMonth、withYear	将月或年修改为指定值后作为一个新 LocalDate 对象返回
getDayOfMonth、getDayOfYear、getDayOfWeek	返回月份中的第几天（1～31 日期） 返回年份中的第几天（1～364 天） 返回星期中的第几天（1～7 星期几）
getMonth	返回月份的枚举值 Month

续表

方　法	描　述
getMonthValue、getYear	返回当前时间的月份、年份
getHour、getMinute、getSecond、getNano	（LocalDateTime 类的方法）返回当前时间的时、分、秒、纳秒

【例 10-13】 假设当前时间为 2024-10-06，返回当前时间的后 5 天，代码如下：

```java
package com.chapter10.string;
import java.time.LocalDate;
public class DateDemo {
    public static void main(String[ ] args) {
        LocalDate localDate = LocalDate.now( ).plusDays(5);
        System.out.println(localDate);
    }
}
```

程序运行结果，如图 10-9 所示。

```
D:\JavaSoftwareInstallation\jdk1.8\bin\java.exe ...
2024-10-11
Process finished with exit code 0
```

图 10-9　程序运行结果

在上述代码中，当前时间从 2024-10-6 返回 2024-10-11。

若需要对时间进行调度，如计算"每月的第一个星期五"这样的日期，则可以调用 with( ) 并结合 TemporalAdjusters 类来使用。表 10-8 列出了一些常用的 TemporalAdjusters 类方法。java.time.Duration 类也可以用于计算两个时间点的间隔。

表 10-8　TemporalAdjusters 类常用方法

方　法	描　述
next、previous	返回上周或下周的星期日期
nextOrSame、previousOrSame	返回上周或下周的星期日期，如果今天就是指定的星期，那么返回今天
dayOfWeekInMonth	返回指定月份的第几个星期几
lastInMonth	返回指定月份的最后一个星期几
firstDayOfMonth、firstDayOfNextMonth、firstDayOfYear、firstDayOfNextYear、lastDayOfMonth、lastDayOfYear	返回指定月份的第一天、下个月第一天、今年第一天、下一年第一天、这个月最后一天、今年最后一天的日期

【例 10-14】 假设当前时间为 2024-10-06 周日，获取下周六的日期，代码如下：

```java
package com.chapter10.string;
import java.time.DayOfWeek;
import java.time.LocalDate;
import java.time.temporal.TemporalAdjusters;
public class DateDemo {
```

```
    public static void main(String[ ] args) {
        LocalDate with = LocalDate.now( ).with(TemporalAdjusters.next(DayOfWeek.SATURDAY));
        System.out.println(with);
    }
}
```

程序运行结果，如图 10-10 所示。

```
D:\JavaSoftwareInstallation\jdk1.8\bin\java.exe ...
2024-10-12
```

图 10-10　程序运行结果

在上述代码中，获取下周六的日期，当前时间为 2024-10-06 周日，返回的时间是 2024-10-12。

Java 8 日期类默认输出格式为"2024-07-28T12:03:37.129"，若想改变日期类输出格式，则可以使用 DateTimeFormatter 对指定日期进行格式化。DateTimeFormatter 提供了常用静态标准日期格式化模板，如表 10-9 所示。ofPattern 方法也可以用于自定义格式。

表 10-9　常用静态标准日期格式化模板

格　式	描　述
BASIC_ISO_DATE	年月日+时区偏移
ISO_OFFSET_DATE_TIME	年-月-日 T 时:分:秒.+时区偏移
ISO_ZONED_DATE_TIME	年-月-日 T 时:分:秒.+时区偏移[时区 ID]
ISO_INSTANT	年-月-日 T 时:分:秒.Z Z 时区 ID 表示 UTC 时间
ISO_DATE_TIME	年-月-日 T 时:分:秒.+时区偏移[时区 ID]时区信息可选

DateTimeFormatter 静态标准日期模板使用示例如下：

```
//输出 20240728+0800
DateTimeFormatter.BASIC_ISO_DATE.format(ZonedDateTime.now( ));
//输出 2024-07-28T12:42:51.397+08:00
DateTimeFormatter.ISO_OFFSET_DATE_TIME.format(ZonedDateTime.now( ));
//输出 2024-07-28T12:42:51.397+08:00[Asia/Shanghai]
DateTimeFormatter.ISO_ZONED_DATE_TIME.format(ZonedDateTime.now( ));
//输出 2024-07-28T04:42:51.397Z
DateTimeFormatter.ISO_INSTANT.format(ZonedDateTime.now( ));
//输出 2024-07-28T12:42:51.397+08:00[Asia/Shanghai]
DateTimeFormatter.ISO_DATE_TIME.format(ZonedDateTime.now( ));
```

ofPattern( )方法传入一个时间表达式，用于自定义日期格式。时间表达式规范字符，如表 10-10 所示。

表 10-10　时间表达式规范字符

符　　号	描　　述
y	年
M	月
d	日
H	时
m	分
s	秒
e、E	星期数字、星期英文缩写

自定义日期格式代码示例如下：

```
//输出 2024-07-28 20:08:42
DateTimeFormatter.ofPattern("yyyy-MM-dd HH:mm:ss").format(LocalDateTime.now( ));
//输出 2024-07-28 20:09:38 星期日
DateTimeFormatter.ofPattern("yyyy-MM-dd HH:mm:ss E").format(LocalDateTime.now( ));
```

10.4.5　包装类

Java 类型系统由两部分组成，即基本类型（primitive）与引用类型（reference type）。每个基本类型都有对应的引用类型，通常称作包装类型。表 10-11 为基本类型与包装类型对应表。

表 10-11　基本类型与包装类型对应表

基 本 类 型	包装类型（位于 java.lang 包内）
byte	Byte
short	Short
int	Integer
long	Long
float	Float
double	Double
char	Character
boolean	Boolean

基本类型与对应的包装类型自动转换的过程称为"装箱"与"拆箱"。基本类型与包装类型在使用上有差异，重要的是要清楚自己正在使用哪种类型，以及在它们之间如何选择。简单示例如下：

```
// 装箱
    int val = 18;
    Integer valBox = new Integer(val);
    Integer valBox1 = Integer.valueOf(val);
    // 拆箱
    Integer valBox3 = new Integer(100);
    int value = valBox3.intValue( );
```

本章小结

（1）字符串类型被声明为 final，意为不可变类型，不能被继承。
（2）StringBuilder 没有实现线程同步，效率更高；StringBuffer 实现了线程同步。
（3）正则表达式通过指定一个字符串匹配机制来匹配符合条件的字符串。
（4）基本类型与对应的包装类型自动转换的过程称为"装箱"与"拆箱"。

关键术语

模式（Pattern）、数学类（Math）、随机类（Random）、日期类（Date）、字符串（String）

习题

选择题

以下哪一个正则表达式可以匹配一个或多个数字？（　　）
A．\d　　　　　B．\d+　　　　　C．\d*　　　　　D．\d?

实际操作训练

获取当前的日期和时间，并以"yyyy-MM-dd HH:mm:ss"的格式输出。

第 11 章 集合框架

【本章教学要点】

知 识 要 点	掌 握 程 度	相 关 知 识
集合框架概述	了解	1. 数组特点和弊端 2. Java 集合框架体系 3. Java 集合的使用场景
单列集合	重点掌握	1. Collection 接口 2. Iterator 接口 3. List 接口 4. Set 接口
双列集合	重点掌握	1. Map 集合概述 2. HashMap 实现类 3. TreeMap 实现类 4. Hashtable 实现类 5. Properties 实现类
Collections 工具类	掌握	Collections 工具类

【本章技能要点】

技 能 要 点	掌 握 程 度	应 用 方 向
集合框架概述	了解	1. 应用开发 2. Web 开发 3. 桌面开发 4. 大数据开发
单列集合	重点掌握	1. 应用开发 2. Web 开发 3. 桌面开发 4. 大数据开发
双列集合	重点掌握	1. 应用开发 2. Web 开发 3. 桌面开发 4. 大数据开发
集合工具类	掌握	1. 应用开发 2. Web 开发 3. 桌面开发 4. 大数据开发

【导入案例】

在一个遥远的国度里，有一个名叫"JavaLand"的地方，居住着各种各样的程序员，他们每天都在与代码打交道，创造各种奇妙的应用。在这个国度里有一个特别受欢迎的市集——"Collection Market"，售卖各种用来存储和组织数据的容器，这些容器就是 Java 集合。

小明是一个年轻的 Java 开发者，喜欢探索各种新的编程技术。

ArrayList 大叔是市集上最受欢迎的摊主之一，他卖的"ArrayList"容器能够动态存储任意类型的对象，就像一个可以无限扩容的购物袋。

HashSet 小姐的"HashSet"容器像一个神奇的盒子，能够自动去除重复的元素，确保每个元素都是独一无二的。

LinkedList 兄弟联手经营"LinkedList"摊位，他们提供的容器能够记住元素添加的顺序，就像一串闪闪发光的珍珠项链。

小明最近接到了一个任务，开发一个图书信息管理系统。他来到"Collection Market"，准备挑选合适的集合来存储图书数据。

小明首先被 ArrayList 大叔的摊位吸引，他了解到 ArrayList 可以方便地添加、删除和访问元素，而且能够动态扩容，非常适合用来存储图书列表。于是，他决定用 ArrayList 来存储所有的图书信息。

随着系统的开发，小明遇到了一个问题：他需要快速判断一本书是否已经在系统中。这时，他遇到了 HashSet 小姐。HashSet 的自动去重和快速查找特性让他眼前一亮。他决定用 HashSet 来存储图书的唯一标识符（如 ISBN），以便快速判断图书是否存在。

在系统的某个功能中，小明需要按照图书的添加顺序来显示图书列表。这时，他想起了 LinkedList 兄弟。LinkedList 不仅能够存储元素，还能够保持元素的插入顺序，这对他要实现的功能来说简直是完美的选择。

小明利用 ArrayList、HashSet 和 LinkedList，成功开发出了图书管理系统。该系统不仅能够高效存储和检索图书信息，还能够按照特定的顺序展示图书列表，受到用户的一致好评。

通过这个项目，小明深刻体会到了 Java 集合的强大和灵活性。他意识到，在 Java 编程中选择合适的集合类型对提高程序的效率和可维护性至关重要。从此，他更加热爱 Java 编程，并继续探索 Java 世界的奥秘。

【课程思政】

（1）技术与社会责任。

通过讲述国内在 Java 集合框架方面的研究成果或应用案例，如阿里巴巴开源的 Java 集合框架扩展库等，让学生感受到国内技术实力的提升。

（2）创新思维。

通过讨论 ArrayList 在实际应用中的优势和局限性，引导学生思考如何根据实际需求选择合适的集合类型，培养学生的问题解决能力和创新思维。

（3）职业素养。

通过强调在软件开发中遵守代码规范和注释的重要性，培养学生的职业素养和严谨的工作态度。

11.1 集合框架概述

11.1.1 数组特点和弊端

要讲集合，首先要提到数组。一方面，面向对象的语言对事物的体现都是以对象形式进行的，为了方便对多个对象进行操作，就要对对象进行存储。另一方面，用数组存储对象有一些弊端，而 Java 集合就像一种容器，可以动态把多个对象的引用放入容器中。

1. 数组在内存存储方面的特点

（1）数组初始化以后，长度就确定了。
（2）在数组中添加的元素是依次紧密排列的，是有序的，可以重复的。
（3）数组声明的类型决定了元素初始化时的类型。不是此类型的变量，不能添加在数组中。
（4）数组可以存储基本数据类型值，也可以存储引用数据类型的变量。

2. 数组在存储数据方面的弊端

（1）数组初始化以后，长度就不可变了，不便于扩展。
（2）数组提供的属性和方法少，不便于进行添加、删除、插入、获取元素个数等操作，而且效率不高。
（3）数组存储数据的特点是单一，只能存储有序的、可以重复的数据。

Java 集合框架中的类既可以用于存储多个对象，又可以用于保存具有映射关系的关联数组。

11.1.2 Java 集合框架体系

Java 集合可以分为单列集合和双列集合两大体系。

单列集合即单列数据集合，主要指 Collection 接口，用于存储一个一个的数据。

双列集合即双列数据集合，主要指 Map 接口，用于存储具有映射关系（key-value 对）的集合，即一对一对的数据。

JDK 提供的集合 API 位于 java.util 包内，Java 集合体系结构，如图 11-1 所示。

11.1.3 Java 集合的使用场景

Java 集合在许多领域得到广泛应用，以下是一些具有代表性的领域。

1. 移动应用领域（集成 Android 平台）

Java 是 Android 端主要的开发语言，具有重要的地位。

2. 企业级应用领域（Java EE 后台）

Java 集合被用来开发企业级的应用程序和大型网站，如淘宝、京东、12306，以及物流、银行、金融、社交、医疗、交通办公自动化系统都是用 Java EE 开发的。

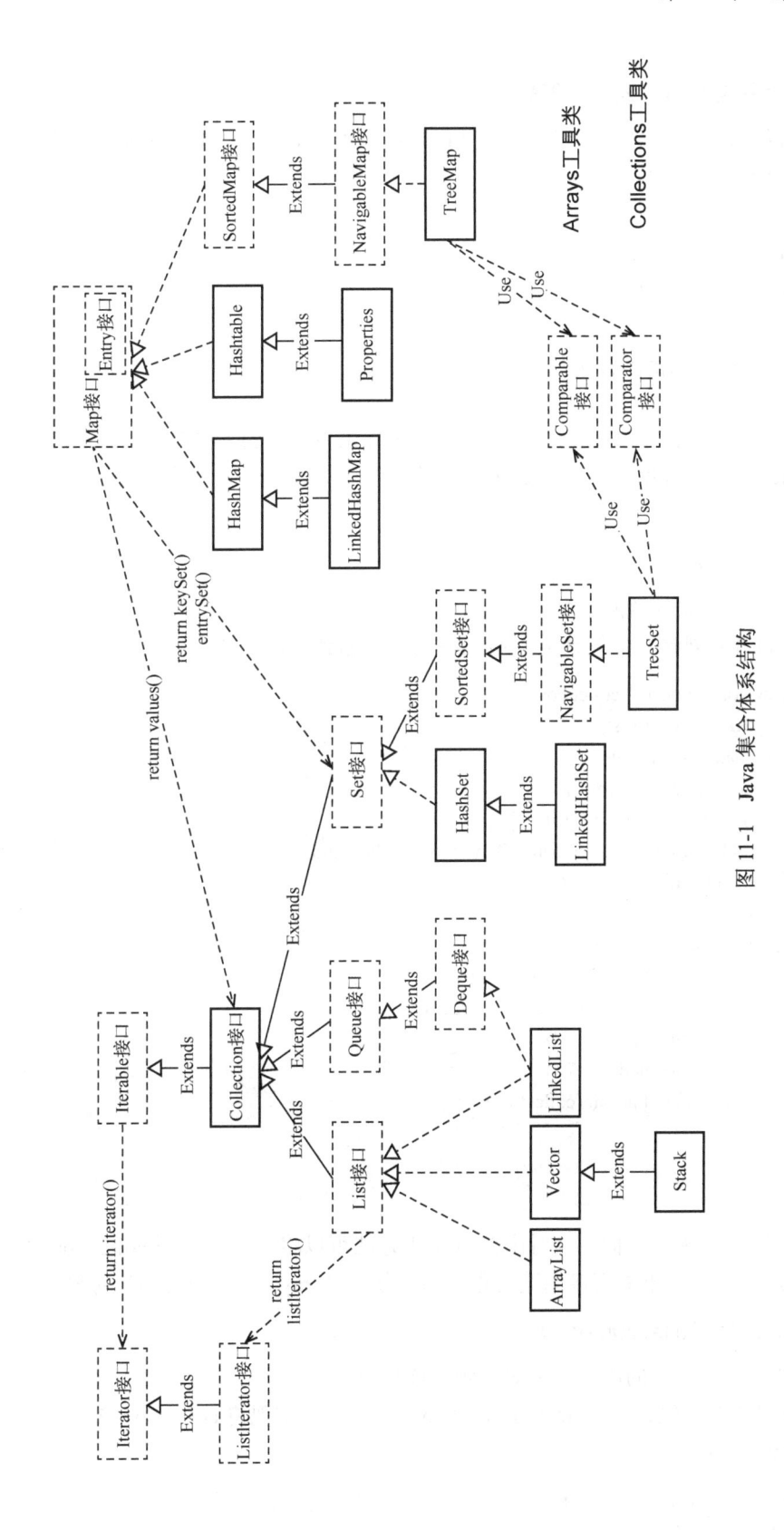

图 11-1　Java 集合体系结构

3. 大数据分析、人工智能领域

流行的大数据框架，如 Hadoop、Flink 都是用 Java 编写的。Spark 使用 Scala 编写，但可以用 Java 开发应用。

11.2 单列集合

11.2.1 Collection 接口

JDK 不提供此接口的任何直接实现，而是提供更具体的子接口（如 Set 和 List）去实现。

Collection 接口是 List 和 Set 接口的父接口，在该接口定义的方法既可以用于操作 Set 接口，也可以用于操作 List 接口。

1. add(E obj)

添加元素对象到当前集合中。

【例 11-1】创建一个集合类，实现将元素添加到当前集合中，代码如下：

```java
package com.chapter11.collection;
import java.util.ArrayList;
import java.util.Collection;
public class CollectionDemo {
    public static void main(String[ ] args) {
        CollectionDemo collectionDemo=new CollectionDemo( );
        collectionDemo.testAdd( );
    }
    public void testAdd( ){
        //ArrayList 类是 Collection 接口的实现类
        Collection collection=new ArrayList( );
        collection.add("画画");
        collection.add("花花");
        System.out.println(collection);
    }
}
```

在上述代码中，我们可以看出使用 add 方法可以将元素添加到 collection 集合中。因为 Collection 是接口，不能直接创建对象，所以使用 ArrayList 实现类创建对象。

2. addAll(Collection other)

添加其他集合中的所有元素对象到当前集合中。

【例 11-2】创建集合 collection01 和 collection02，实现将 collection02 集合的元素添加到 collection01 集合中，代码如下：

```java
package com.chapter11.collection;
import java.util.ArrayList;
```

```java
import java.util.Collection;
public class CollectionDemo {
    public static void main(String[ ] args) {
        CollectionDemo collectionDemo=new CollectionDemo( );
        //collectionDemo.testAdd( );
        collectionDemo.testAddAll( );
    }
    public void testAdd( ){
        //ArrayList 类是 Collection 接口的实现类
        Collection collection=new ArrayList( );
        collection.add("画画");
        collection.add("花花");
        System.out.println(collection);
    }
    public void testAddAll( ){
        //ArrayList 类是 Collection 接口的实现类
        Collection collection01=new ArrayList( );
        collection01.add("画画");
        collection01.add("花花");
        //System.out.println(collection01);
        Collection collection02=new ArrayList( );
        collection02.add("西西");
        collection02.add("南南");
        //System.out.println(collection01);
        //将 collection02 集合中的全部元素添加到 collection01 集合中
        collection01.addAll(collection02);
        System.out.println(collection01);
    }
}
```

在上述代码中，我们可以看出使用 addAll 方法可以将 collection02 集合的元素添加到 collection01 集合中。因为 Collection 是接口，不能直接创建对象，所以使用 ArrayList 实现类创建对象。

> **小贴士**
> add 方法可将一个元素添加到集合中，addAll 方法可将另一个集合中的所有元素添加到当前集合中。

3. int size( )

获取当前集合中实际存储的元素个数。

4. boolean isEmpty( )

判断当前集合是否为空集合。

【例 11-3】创建一个集合，获取集合的元素个数并判断集合的元素是否为空，代码如下：

```java
package com.chapter11.collection;
import java.util.ArrayList;
```

```java
import java.util.Collection;
public class CollectionDemo {
    public static void main(String[ ] args) {
        CollectionDemo collectionDemo=new CollectionDemo( );
        collectionDemo.testSizeIsEmpty( );
    }
    public void testSizeIsEmpty( ){
        //ArrayList 类是 Collection 接口的实现类
        Collection collection=new ArrayList( );
        collection.add("画画");
        collection.add("花花");
        int size = collection.size( );
        System.out.println("这个集合的元素个数为："+size);
        boolean empty = collection.isEmpty( );
        System.out.println("这个集合是否为空："+empty);
    }
}
```

在上述代码中，调用了 size( )方法，获取集合的元素个数，调用 isEmpty( )方法判断集合的元素是否为空。

5．boolean contains(Object obj)

判断当前集合中是否存在对象 obj，若存在则返回 true。

6．boolean containsAll(Collection coll)

判断 coll 集合中的元素是否在当前集合中都存在，即 coll 集合是否是当前集合的子集，若是则返回 true。

【例 11-4】创建一个集合，判断当前集合是否包含另一个集合的元素，并判断当前集合中是否包含指定的元素，代码如下：

```java
package com.chapter11.collection;
import java.util.ArrayList;
import java.util.Collection;
public class CollectionDemo {
    public static void main(String[ ] args) {
        CollectionDemo collectionDemo=new CollectionDemo( );
        collectionDemo.testContains( );
    }
    public void testContains( ){
        //ArrayList 类是 Collection 接口的实现类
        Collection collection=new ArrayList( );
        collection.add("画画");
        collection.add("花花");
        boolean col = collection.contains("画画");
        System.out.println("这个集合是否包含元素："+col);
        Collection collection02=new ArrayList( );
        collection02.add("画画");
        collection02.add("花花");
```

```
        boolean b = collection.containsAll(collection02);
        System.out.println("这个集合是否包含其他集合的元素："+b);
    }
}
```

在上述代码中，调用 contains( )方法判断当前集合中是否存在与指定对象相等的元素，调用 containsAll( )方法判断 collection02 集合中的元素是否在当前集合中都存在。两个方法的主要区别是：contains( )方法判断当前集合中是否包含这个元素，包含返回 true，没有包含返回 false。containsAll( )方法判断其他集合中的元素是否在当前集合中都存在，其中有一个元素不存在返回 false，全部存在返回 true。

7．boolean remove(Object obj)

从当前集合中移除与指定对象 obj 相等的第一个元素。

8．boolean retainAll(Collection coll)

从当前集合中删除两个集合中不同的元素。

【例 11-5】创建集合，从当前集合中移除与指定对象 obj 相等的第一个元素、从当前集合中删除所有与collection02集合中相同的元素和从当前集合中删除两个集合中不同的元素，代码如下：

```
package com.chapter11.collection;
import java.util.ArrayList;
import java.util.Collection;
public class CollectionDemo {
    public static void main(String[ ] args) {
        CollectionDemo collectionDemo=new CollectionDemo( );
        collectionDemo.testRemove( );
    }
    public void testRemove( ){
        //ArrayList 类是 Collection 接口的实现类
        Collection collection=new ArrayList( );
        collection.add("画画");
        collection.add("花花");
        collection.add("哈哈");
        System.out.println(collection);
        /* boolean b = collection.remove("画画");
        System.out.println("删除当前集合中的元素："+b);
        System.out.println(collection);*/
        Collection collection02=new ArrayList( );
        collection02.add("南南");
        collection02.add("花花");
        collection02.add("西西");
        collection02.add("哈哈");
        System.out.println(collection02);
        boolean b = collection02.removeAll(collection);
        System.out.println("在其他集合中删除当前集合中相同的元素："+b);
        System.out.println(collection02);
        /*System.out.println(collection02);
```

```
        boolean b1 = collection02.retainAll(collection);
        System.out.println("在其他集合中删除当前集合中不同的元素："+b1);
        System.out.println(collection02);*/
    }
}
```

在上述代码中，调用 remove( )方法删除当前集合中的元素，调用 removeAll( )方法删除其他集合中与当前集合中的元素相同的元素，调用 retainAll( )方法保留其他集合中与当前集合中的元素相同的元素。

9．void clear( )

清空集合元素。

【例 11-6】创建集合，清空集合元素，代码如下：

```
package com.chapter11.collection;
import java.util.ArrayList;
import java.util.Collection;
public class CollectionDemo {
    public static void main(String[ ] args) {
        CollectionDemo collectionDemo=new CollectionDemo( );
        collectionDemo.testClear( );
    }
    public void testClear( ){
        Collection collection=new ArrayList( );
        collection.add("画画");
        collection.add("花花");
        collection.add("哈哈");
        System.out.println(collection);
        collection.clear( );
        System.out.println(collection);
    }
}
```

在上述代码中，调用 clear( )方法可以清空集合元素。

10．Object[ ] toArray( )

返回包含当前集合中所有元素的数组。

【例 11-7】创建集合，将集合转换为数组，代码如下：

```
package com.chapter11.collection;
import java.util.ArrayList;
import java.util.Collection;
public class CollectionDemo {
    public static void main(String[ ] args) {
        CollectionDemo collectionDemo=new CollectionDemo( );
        collectionDemo.testToArray( );
    }
    public void testToArray( ){
        Collection collection=new ArrayList( );
        collection.add("画画");
```

```
            collection.add("花花");
            collection.add("哈哈");
            System.out.println(collection);
            Object[ ] array = collection.toArray( );
            for (Object o:array){
                System.out.println(o);
            }
    }
}
```

在上述代码中,调用 toArray( )方法将集合转换为数组。

11.2.2　Iterator 接口

1．Iterator 接口概述与定义

在程序开发中经常需要遍历集合中的所有元素,针对这种需求,JDK 专门提供了接口 java.util.Iterator。Iterator 接口也是 Java 集合中的一员。

2．Iterator 接口与 Collection 接口的区别

Iterator 接口与 Collection 接口有所不同。Iterator 接口被称为迭代器接口,本身并不具有存储对象的能力,主要用于遍历集合中的元素。Collection 接口主要用于存储元素。

(1) Collection 接口继承了 java.lang.Iterable 接口,该接口有一个 iterator( )方法。所有实现了 Collection 接口的集合都有一个 iterator( )方法,用以返回一个实现了 Iterator 接口的对象。

① public Iterator iterator( ):获取集合对应的迭代器,用来遍历集合中的元素。

② 在集合中,每次调用 iterator( )方法都能得到一个全新的迭代器对象,默认游标都在集合的第一个元素之前。

(2) Iterator 接口的常用方法。

① public E next( ):返回迭代的下一个元素。

② public boolean hasNext( ):若仍有元素可以迭代,则返回 true。

【例 11-8】创建集合,实现对集合的遍历,代码如下:

```
package com.chapter11.collection;
import java.util.ArrayList;
import java.util.Collection;
import java.util.Iterator;
public class CollectionDemo {
    public static void main(String[ ] args) {
        CollectionDemo collectionDemo=new CollectionDemo( );
        collectionDemo.testIterator( );
    }
    public void testIterator( ){
        Collection collection=new ArrayList( );
        collection.add("画画");
        collection.add("花花");
        collection.add("哈哈");
        Iterator iterator = collection.iterator( );
```

```
            while (iterator.hasNext( )){
                System.out.println(iterator.next( ));
            }
        }
    }
```

在上述代码中,调用 iterator( )方法可以实现对集合的遍历;调用 hasNext( )方法判断是否有元素可以遍历,若有则返回 true;调用 next( )方法返回迭代的下一个元素。

小贴士

在调用 next( )方法之前必须调用 hasNext( )方法进行检测。若不调用,且下一条记录无效,则直接调用 next( )方法会抛出 NoSuchElementException 异常。

3. foreach 循环

foreach 循环是在 JDK 5.0 中定义的一个高级 for 循环,专门用来遍历数组和集合。
语法结构如下:

```
for(元素的数据类型 局部变量 :Collection 集合或数组){
    //操作局部变量的输出操作
}
```

【例 11-9】创建集合,使用 foreach 循环遍历,代码如下:

```java
package com.chapter11.collection;
import java.util.ArrayList;
import java.util.Collection;
import java.util.Iterator;
public class CollectionDemo {
    public static void main(String[ ] args) {
        CollectionDemo collectionDemo=new CollectionDemo( );
        collectionDemo.testForeach( );
    }
    public void testForeach( ){
        Collection collection=new ArrayList( );
        collection.add("画画");
        collection.add("花花");
        collection.add("哈哈");
        for (Object o:collection){
            System.out.println(o);
        }
    }
}
```

在上述代码中,使用 foreach 循环遍历集合。

4. for 循环

在 4.3.2 节已经讲解过,请参考相关内容。

11.2.3 List 接口

1．List 接口概述

鉴于 Java 数组用来存储数据具有局限性，我们通常使用 java.util.List 替代数组。

List 类型的集合元素有序，且可重复，集合中的每个元素都有对应的顺序索引。

在 List 类型的集合中存储数据，就像面对银行客服，会给每一个来办理业务的客户分配序号：第一个来的是"张三"，客服给他分配的是 0；第二个来的是"李四"，客服给他分配的是 1；以此类推，最后一个序号应该是"总人数-1"，如图 11-2 所示。

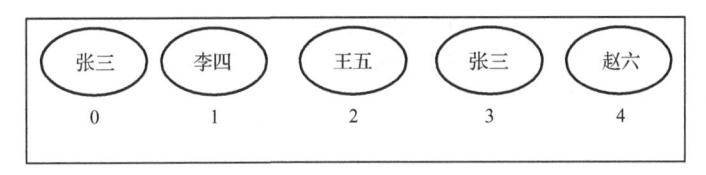

图 11-2　List 类型的集合

2．List 接口常用的方法

除从 Collection 接口继承的方法外，List 接口还添加了一些根据索引来操作集合元素的方法。

（1）插入元素。

① void add(int index, Object ele)：在 index 位置插入 ele 元素。

② boolean addAll(int index, Collection eles)：从 index 位置开始将 eles 中的所有元素添加进来。

（2）获取元素。

① Object get(int index)：获取指定 index 位置的元素。

② List subList(int fromIndex, int toIndex)：返回从 fromIndex 到 toIndex 位置的子集合。

（3）获取元素索引。

① int indexOf(Object obj)：返回 obj 在当前集合中首次出现的位置。

② int lastIndexOf(Object obj)：返回 obj 在当前集合中最后出现的位置。

（4）删除和替换元素。

① Object remove(int index)：移除指定 index 位置的元素，并返回此元素。

② Object set(int index, Object ele)：设置指定 index 位置的元素为 ele。

【例 11-10】创建集合，实现用 List 接口添加元素、获取元素、获取元素的索引，以及删除和替换元素，代码如下：

```
package com.chapter11.list;
import java.util.ArrayList;
import java.util.Collection;
import java.util.List;
public class ListDemo {
    public static void main(String[ ] args) {
        ListDemo listDemo=new ListDemo( );
        listDemo.testList( );
```

```java
    }
    public void testList( ){
        System.out.println("=============往 list 集合添加元素===============");
        List list=new ArrayList( );
        list.add(1);
        list.add("hello");
        list.add("world");
        System.out.println("添加元素："+list);
        System.out.println("=============往 collection 集合添加元素===============");
        Collection collection=new ArrayList( );
        collection.add("南南");
        System.out.println("=========将 collection 集合元素添加到 list 集合指定的位置=========");
        /将集合中元素添加到当前集合的指定位置
        list.addAll(2,collection);
        System.out.println("=============获取元素===============");
        System.out.println(list);
        Object o = list.get(2);
        System.out.println("=============获取指定位置的元素===============");
        System.out.println("获取元素："+o);
        List subList = list.subList(0, 3);
        System.out.println(subList);
        System.out.println("=============获取元素第一次出现的位置===============");
        int i = list.indexOf("hello");
        System.out.println(i);
        System.out.println("=============获取元素在最后出现的位置===============");
        int i1 = list.lastIndexOf("world");
        System.out.println(i1);
        System.out.println("=============删除集合的元素===============");
        boolean hello = list.remove("hello");
        System.out.println(hello);
        System.out.println("=============修改集合的元素===============");
        list.set(1,"xixi");
        System.out.println(list);
    }
}
```

在上述代码中，调用 add( )方法往当前集合添加元素；调用 addAll( )方法将其他集合中的元素添加到当前集合中；调用 get( )方法获取当前集合的元素；调用 subList( )方法获取指定元素；调用 indexOf( )方法获取当前集合中第一次出现的元素的位置；调用 lastIndexOf( )方法获取元素在最后出现的位置；调用 remove( )方法删除当前集合中的元素，remove( )方法的参数可以是索引，也可以是删除的元素；调用 set( )方法修改当前集合中的元素。

小贴士

在 Java SE 中，List 的名称类型有两种，一种是 java.util.List 集合接口，另一种是 java.awt.List 图形界面的组件。

3．ArrayList 实现类

在 JDK API 中，List 接口的常用实现类有 ArrayList、LinkedList 和 Vector。ArrayList 是 List 接口的主要实现类。在本质上，ArrayList 是对象引用的一个"变长"数组，如图 11-3 所示。

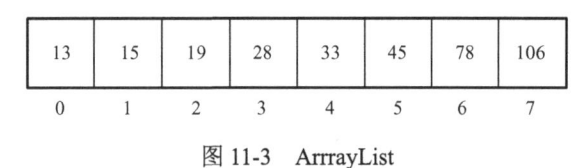

13	15	19	28	33	45	78	106
0	1	2	3	4	5	6	7

图 11-3　ArrrayList

ArrayList 实现类的方法与 List 接口的方法基本上完全一致，直接使用 List 接口的方法即可。

4．LinkedList 实现类

对频繁插入或删除元素的操作，建议使用 LinkedList 实现类，其效率较高。这是由底层采用链表（双向链表）结构存储数据决定的。

5．LinkedList 实现类的特有方法

LinkedList 实现类与 ArrayList 实现类不同的是，ArrayList 实现类使用 List 接口的方法，而 LinkedList 实现类既使用 List 接口的方法，又有自己特有的方法。下面是 LinkedList 实现类特有的方法：

```
void addFirst(Object obj)
void addLast(Object obj)
Object getFirst( )
Object getLast( )
Object removeFirst( )
Object removeLast( )
```

【例 11-11】创建集合，用 LinkedList 实现类在集合首位和末位添加元素、获取首位元素和末位元素、删除首位元素和末位元素，代码如下：

```java
package com.chapter11.list;
import java.util.LinkedList;
import java.util.List;
public class ListDemo02 {
    public static void main(String[ ] args) {
        ListDemo02 listDemo02=new ListDemo02( );
        listDemo02.testList( );
    }
    public void testList( ){
        System.out.println("================添加元素================");
        LinkedList list=new LinkedList<>( );
        list.add("a");
        list.addFirst("b");
        list.add("c");
        list.add("d")
```

```
                list.addLast("f");
                System.out.println(list);
                System.out.println("==================获取元素==================");
                Object first = list.getFirst( );
                System.out.println(first);
                Object last = list.getLast( );
                System.out.println(last);
                System.out.println("==================删除元素==================");
                Object o = list.removeFirst( );
                System.out.println(o);
                Object o1 = list.removeLast( );
                System.out.println(o1);

    }
}
```

在上述代码中，调用 addFirst( )方法将元素添加到首位；调用 addLast( )方法将元素添加到末位；调用 getFirst( )方法获取首位元素；调用 getLast( )方法获取末位元素；调用 removeFirst( )方法删除首位元素；调用 removeLast( )方法删除末位元素。

11.2.4 Set 接口

1．Set 接口的定义

Set 接口是 Collection 接口的子接口，Set 接口没有提供额外的方法。Set 类型的集合不允许包含相同的元素，若把两个相同的元素加入同一个 Set 类型的集合中，则添加操作会失败。Set 类型的集合支持的遍历方式和 Collection 类型的集合一样——foreach 和 iterator。Set 接口的常用实现类有 HashSet、TreeSet。

2．HashSet 实现类

HashSet 是 Set 接口的主要实现类，使用 Set 类型的集合时通常会使用这个实现类。HashSet 用哈希算法存储集合中的元素，因此具有很好的存储、查找、删除等性能。HashSet 不能保证元素的排列顺序，不是线程安全的，集合元素可以是 null。

【例 11-12】创建集合，使用 HashSet 实现集合中基本的功能，代码如下：

```
package com.chapter11.set;
import java.util.HashSet;
public class SetDemo {
    public static void main(String[ ] args) {
        SetDemo setDemo=new SetDemo( );
        setDemo.testSet( );
    }
    public void testSet( ){
        HashSet hashSet=new HashSet( );
        hashSet.add("a");
        hashSet.add("b");
        hashSet.add("c");
```

```
            System.out.println(hashSet);
     }
}
```

在上述代码中，调用 add( )方法实现了元素添加，使用的是 Collection 接口的方法。在 Set 接口中没有可以修改的方法，可以查看 Collection 接口的方法，直接使用即可。

判断集合中两个元素相等的标准：两个对象通过 hashCode( )方法得到的哈希值相等，且两个对象的 equals( )方法返回值为 true。

对存放在 Set 类型的集合中的对象，对应的类一定要重写 hashCode( )和 equals( )方法，以符合对象相等规则，即"相等的对象必须具有相等的哈希值"。

HashSet 类型的集合中元素的无序性不等同于随机性，这里的无序性与元素的添加位置有关。具体来说，我们在添加每个元素到数组中时，具体的存储位置都是由元素的 hashCode( )调用后返回的哈希值决定的，导致在数组中的每个元素不是依次紧密存放的，表现出一定的无序性。

【例 11-13】创建集合和 Student 类，在 HashSet 类型的集合中判断两个对象是否相等，代码如下：

```
package com.chapter11.set;
import java.util.Objects;
public class Student {
    private Integer id;
    private String name;
    private Integer age;

    public Student(Integer id, String name, Integer age) {
        this.id = id;
        this.name = name;
        this.age = age;
    }
    public Student( ) {

    }

    public Integer getId( ) {
        return id;
    }

    public void setId(Integer id) {
        this.id = id;
    }

    public String getName( ) {
        return name;
    }

    public void setName(String name) {
```

```java
            this.name = name;
        }

        public Integer getAge( ) {
            return age;
        }

        public void setAge(Integer age) {
            this.age = age;
        }

        @Override
        public boolean equals(Object o) {
            if (this == o) return true;
            if (o == null || getClass( ) != o.getClass( )) return false;
            Student student = (Student) o;
            return Objects.equals(id, student.id) && Objects.equals(name, student.name) && Objects.equals(age, student.age);
        }

        @Override
        public int hashCode( ) {
            return Objects.hash(id, name, age);
        }

        @Override
        public String toString( ) {
            return "Student{" +
                    "id=" + id +
                    ", name='" + name + '\"' +
                    ", age=" + age +
                    '}';
        }
    }
    package com.chapter11.set;
    import java.util.HashSet;
    public class SertDemo02 {
        public static void main(String[ ] args) {
            Student student=new Student(1,"张三",20);
            Student student02=new Student(1,"张三",20);
            HashSet hashSet=new HashSet( );
            hashSet.add(student);
            hashSet.add(student02);
            System.out.println(hashSet);
        }
    }
```

程序运行结果，如图 11-4 所示。

```
Run    SertDemo02
D:\JavaSoftwareInstallation\jdk1.8\bin\java.exe ...
[Student{id=1, name='张三', age=20}]

Process finished with exit code 0
```

图 11-4　程序运行结果

上述代码创建了 Student 类，并在 Student 类中实现了 hashCode( )方法和 equals( )方法。两个对象通过调用 HashSet 类型集合的 hashCode( )和 equals( )方法来确定元素的唯一性，如果两个对象的 hashCode( )返回值相同，并且 equals( )方法返回 true，HashSet 类型集合就会认为这两个对象是相同的元素，因此只保留其中一个，无法重复添加。

> **小贴士**
> 如果两个元素的 equals( )方法返回 true，但它们的 hashCode( )返回值不相等，HashSet 类型的集合将把它们存储在不同的位置，但依然可以添加成功。在重写 equals( )方法的时候，一般都需要同时重写 hashCode( )方法。在开发中可以直接使用 IDEA 里的快捷键自动重写 equals( )方法和 hashCode( )方法。

3. TreeSet 实现类

TreeSet 是 SortedSet 接口的实现类，可根据指定的属性顺序对集合中的元素。进行遍历，TreeSet 底层使用红黑树结构存储数据。

TreeSet 有两种排序方法——自然排序和定制排序。在默认情况下，TreeSet 采用自然排序。

（1）自然排序。

TreeSet 首先调用 compareTo( )方法来比较元素的大小，然后将集合元素按升序（默认情况）排列。

【例 11-14】创建集合和 Student 类，按照对象的年龄从小到大进行排序，采用自然排序方法，代码如下：

```java
package com.chapter11.set;

import java.util.Comparator;
import java.util.Objects;

public class Student implements Comparable {
    private Integer id;
    private String name;
    private Integer age;

    public Student(Integer id, String name, Integer age) {
        this.id = id;
        this.name = name;
        this.age = age;
    }
```

```java
public Student( ) {

}

public Integer getId( ) {
    return id;
}

public void setId(Integer id) {
    this.id = id;
}

public String getName( ) {
    return name;
}

public void setName(String name) {
    this.name = name;
}

public Integer getAge( ) {
    return age;
}

public void setAge(Integer age) {
    this.age = age;
}

@Override
public boolean equals(Object o) {
    if (this == o) return true;
    if (o == null || getClass( ) != o.getClass( )) return false;
    Student student = (Student) o;
    return Objects.equals(id, student.id) && Objects.equals(name, student.name) && Objects.equals(age, student.age);
}

@Override
public int hashCode( ) {
    return Objects.hash(id, name, age);
}

@Override
public String toString( ) {
    return "Student{" +
            "id=" + id +
            ", name='" + name + '\"' +
            ", age=" + age +
```

```java
            }";
        }
        @Override
        public int compareTo(Object o) {
            if(this == o){
                return 0;
            }
            if(o instanceof Student){
                Student student = (Student)o;
                int value = this.age - student.age;
                if(value != 0){
                    return value;
                }
                return -this.name.compareTo(student.name);
            }
            throw new RuntimeException("输入的类型不匹配");
        }
    }
package com.chapter11.set;

import java.util.TreeSet;

public class SertDemo03 {
    public static void main(String[ ] args) {
        Student student=new Student(1,"王五",20);
        Student student02=new Student(2,"张三",30);
        Student student04=new Student(4,"笑笑",24);
        Student student03=new Student(3,"小花",33);
        TreeSet treeSet=new TreeSet( );
        treeSet.add(student);
        treeSet.add(student02);
        treeSet.add(student03);
        treeSet.add(student04);
        System.out.println(treeSet);
    }
}
```

程序运行结果，如图 11-5 所示。

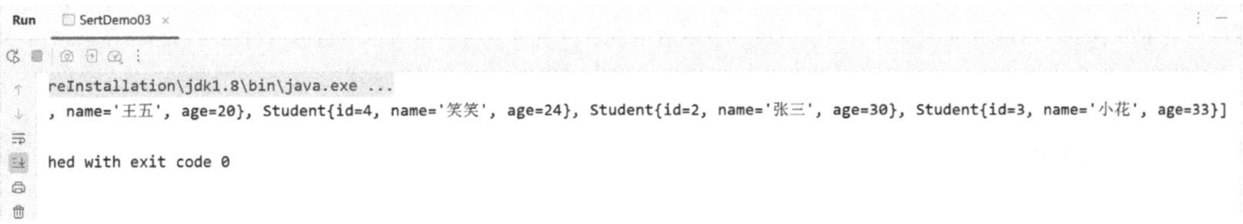

, name='王五', age=20}, Student{id=4, name='笑笑', age=24}, Student{id=2, name='张三', age=30}, Student{id=3, name='小花', age=33}]
hed with exit code 0

图 11-5　程序运行结果

在上述代码中，把一个对象添加到 treeSet 集合中时，该对象的类必须实现 Comparable

接口，实现 Comparable 接口的类必须实现 compareTo( )方法，两个对象通过 compareTo( )方法的返回值来比较大小。

（2）定制排序。

如果对象所属的类没有实现 Comparable 接口，或不希望按照升序（默认情况）排列，就可以考虑使用定制排序。定制排序通过 Comparator 接口实现，需要重写 compare(Object o1,Object o2)方法。

【例 11-15】创建集合和 Student 类，按照对象中的年龄从小到大进行排序，采用定制排序方法，代码如下：

```java
package com.chapter11.set;
import java.util.Objects;
public class Student02 {
    private Integer id;
    private String name;
    private Integer age;
    public Student02(Integer id, String name, Integer age) {
        this.id = id;
        this.name = name;
        this.age = age;
    }
    public Student02( ) {

    }

    public Integer getId( ) {
        return id;
    }

    public void setId(Integer id) {
        this.id = id;
    }

    public String getName( ) {
        return name;
    }

    public void setName(String name) {
        this.name = name;
    }

    public Integer getAge( ) {
        return age;
    }

    public void setAge(Integer age) {
        this.age = age;
    }
```

```java
    @Override
    public boolean equals(Object o) {
        if (this == o) return true;
        if (o == null || getClass() != o.getClass()) return false;
        Student02 student = (Student02) o;
        return Objects.equals(id, student.id) && Objects.equals(name, student.name) && Objects.equals(age, student.age);
    }

    @Override
    public int hashCode() {
        return Objects.hash(id, name, age);
    }

    @Override
    public String toString() {
        return "Student{" +
                "id=" + id +
                ", name='" + name + '\'' +
                ", age=" + age +
                '}';
    }
}
package com.chapter11.set;
import java.util.Comparator;
import java.util.TreeSet;
public class SertDemo04 {
    public static void main(String[] args) {
        Student02 student=new Student02(1,"王五",20);
        Student02 student02=new Student02(2,"张三",30);
        Student02 student04=new Student02(4,"笑笑",24);
        Student02 student03=new Student02(3,"小花",33);
        Comparator comparator=new Comparator() {
            @Override
            public int compare(Object o1, Object o2) {
                if(o1 instanceof Student02 && o2 instanceof Student02){
                    Student02 student021 = (Student02)o1;
                    Student02 student022 = (Student02)o2;
                    int value = student021.getAge() - student022.getAge();
                    if(value != 0){
                        return value;
                    }
                    return student021.getName().compareTo(student022.getName());
                }
                throw new RuntimeException("输入的类型不匹配");
            }
        };
```

```
                TreeSet treeSet=new TreeSet(comparator);
                treeSet.add(student);
                treeSet.add(student02);
                treeSet.add(student03);
                treeSet.add(student04);
                System.out.println(treeSet);
        }
    }
```

程序运行结果，如图 11-6 所示。

```
, name='王五', age=20}, Student{id=4, name='笑笑', age=24}, Student{id=2, name='张三', age=30}, Student{id=3, name='小花', age=33}]
hed with exit code 0
```

图 11-6　程序运行结果

在上述代码中，利用 compare(Object o1,Object o2)方法比较 o1 和 o2 的大小：若返回正整数，则表示 o1 大于 o2；若返回 0，则表示两者相等；若返回负整数，则表示 o1 小于 o2。要实现定制排序,需要将实现 Comparator 接口的实例作为形式参数传递给 TreeSet 的构造器。

小贴士

因为只有相同类的两个实例才会比较大小，所以向 TreeSet 类型的集合中添加的应该是同一个类中的对象。对 TreeSet 类型的集合来说，它判断两个对象是否相等的唯一标准是：当两个对象通过 compareTo( )或 compare( )方法的返回值为 0 时，认为两个对象相等。

11.3　双列集合

11.3.1　Map 接口

在双列集合中，Map 接口与 Collection 接口并列存在，用于保存具有映射关系的数据：key-value 对数据。Collection 接口的元素是孤立存在的，Map 接口的元素是成对存在的。Map 接口中的 key 和 value 都可以是任何引用类型的数据。String 类通常作为 Map 接口的"键"。Map 接口的常用实现类有 HashMap、TreeMap 和 Properties。其中，HashMap 是 Map 接口中使用频率最高的实现类。Map 接口结构，如图 11-7 所示。

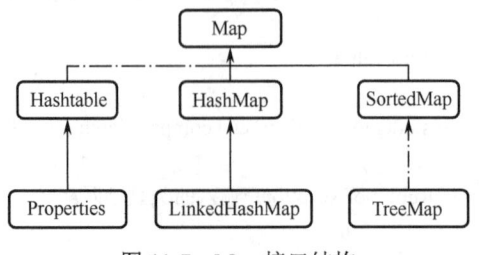

图 11-7　Map 接口结构

11.3.2 HashMap 实现类

HashMap 是 Map 接口中使用频率最高的实现类。HashMap 是线程不安全的，允许添加 null 键和 null 值。HashMap 存储数据采用的是哈希表结构，底层使用一维数组+单向链表+红黑树对 key-value 对数据进行存储。与 HashSet 一样，HashMap 元素的存取顺序不能保证一致。HashMap 通常使用 Map 接口的方法，下面介绍一些简单的方法。

1．添加、修改操作

（1）Object put(Object key, Object value)：将指定 key-value 对数据添加到（或修改）当前 HashMap 对象中。

（2）void putAll(Map m)：将 m 中的所有 key-value 对数据存放在当前 HashMap 对象中。

2．元素查询的操作

（1）Object get(Object key)：获取指定 key 对应的 value。

（2）boolean containsKey(Object key)：是否包含指定的 key。

（3）boolean containsValue(Object value)：是否包含指定的 value。

（4）int size( )：返回 Map 中 key-value 对的个数。

（5）boolean isEmpty( )：判断当前 Map 是否为空。

3．元视图操作的方法

（1）Set keySet( )：返回所有 key 构成的集合。

（2）Collection values( )：返回所有 value 构成的集合。

（3）Set entrySet( )：返回所有 key-value 对数据构成的集合。

4．删除操作

（1）Object remove(Object key)：根据指定 key 移除对应的 key-value 对数据，并返回 value。

（2）void clear( )：清空当前 Map 中的所有数据。

【例 11-16】创建集合，实现 HashMap 的简单使用方法，代码如下：

```java
package com.chapter11.map;

import java.util.Collection;
import java.util.HashMap;
import java.util.Set;

public class MapDemo {
    public static void main(String[ ] args) {
        MapDemo mapDemo=new MapDemo( );
        mapDemo.testMap( );
    }
    public void testMap( ){
        System.out.println("==================添加元素====================");
        HashMap hashMap=new HashMap( );
        hashMap.put("a","student01");
```

```
            hashMap.put("b","student02");
            hashMap.put("c","student03");
            hashMap.put("d","student04");
            hashMap.put("d","student05");
            System.out.println(hashMap);
            HashMap hashMap02=new HashMap( );
            hashMap02.put("test","hashMap02");
            hashMap.putAll(hashMap02);
            System.out.println(hashMap);
            System.out.println("====================查询元素====================");
            Object o = hashMap.get("a");
            System.out.println(o);
            boolean b = hashMap.containsKey("a");
            System.out.println(b);
            boolean b1 = hashMap.containsValue("student01");
            System.out.println(b1);
            int size = hashMap.size( );
            System.out.println(size);
            boolean empty = hashMap.isEmpty( );
            System.out.println(empty);
            System.out.println("====================查询元素====================");
            Object a = hashMap.remove("a");
            System.out.println(a);
            System.out.println("====================元视图操作====================");
            Set set = hashMap.keySet( );
            System.out.println(set);
            Collection values = hashMap.values( );
            System.out.println(values);
            Set set1 = hashMap.entrySet( );
            System.out.println(set1);
            System.out.println("====================删除元素====================");
            hashMap.clear( );
            System.out.println(hashMap);

    }
}
```

在上述代码中，我们使用的方法都是 Map 接口的方法，实现了添加和修改元素、获取元素、查询元素、删除元素，以及对元视图的操作。在 Map 接口中没有修改方法，对元视图的操作可以用在集合遍历中。

小贴士

HashMap 判断两个 key 相等的标准是：两个 key 的哈希值相等，通过 equals( )方法返回 true。HashMap 判断两个 value 相等的标准是：两个 value 通过 equals( )方法返回 true。

11.3.3　TreeMap 实现类

使用 TreeMap 存储 key-value 对数据时，需要根据 key-value 对数据进行

TreeMap 实现类

排序。TreeMap 可以保证所有的 key-value 对数据处于有序状态。TreeMap 使用 Map 接口中的方法。

TreeSet 底层使用红黑树结构存储数据。

1. 自然排序

TreeMap 中所有的 key 都必须实现 Comparable 接口，而且所有的 key 应该是同一个类的对象，否则将会抛出 ClassCastException 异常。

【例 11-17】创建集合和 Student 类，使用 TreeSet 实现自然排序，代码如下：

```java
package com.chapter11.map;

import java.util.Objects;

public class Student implements Comparable {
    private Integer id;
    private String name;
    private Integer age;

    public Student(Integer id, String name, Integer age) {
        this.id = id;
        this.name = name;
        this.age = age;
    }
    public Student() {

    }

    public Integer getId() {
        return id;
    }

    public void setId(Integer id) {
        this.id = id;
    }

    public String getName() {
        return name;
    }

    public void setName(String name) {
        this.name = name;
    }

    public Integer getAge() {
        return age;
    }

    public void setAge(Integer age) {
```

```java
            this.age = age;
        }

    @Override
    public boolean equals(Object o) {
        if (this == o) return true;
        if (o == null || getClass( ) != o.getClass( )) return false;
        Student student = (Student) o;
        return Objects.equals(id, student.id) && Objects.equals(name, student.name) && Objects.equals(age, student.age);
    }

    @Override
    public int hashCode( ) {
        return Objects.hash(id, name, age);
    }

    @Override
    public String toString( ) {
        return "Student{" +
                "id=" + id +
                ", name='" + name + '\'' +
                ", age=" + age +
                '}';
    }

    @Override
    public int compareTo(Object o) {
        if(this == o){
            return 0;
        }
        if(o instanceof Student){
            Student student = (Student)o;
            int value = this.age - student.age;
            if(value != 0){
                return value;
            }
            return -this.name.compareTo(student.name);
        }
        throw new RuntimeException("输入的类型不匹配");
    }
}
package com.chapter11.map;

import com.chapter11.set.Student02;

import java.util.TreeMap;
```

```java
public class MapDemo02 {
    public static void main(String[ ] args) {
        Student student=new Student(1,"王五",20);
        Student student02=new Student(2,"张三",30);
        Student student04=new Student(4,"笑笑",24);
        Student student03=new Student(3,"小花",33);
        TreeMap treeMap=new TreeMap( );
        treeMap.put(student,"01");
        treeMap.put(student02,"02");
        treeMap.put(student03,"03");
        treeMap.put(student04,"04");
        System.out.println(treeMap);
    }
}
```

程序运行结果，如图 11-8 所示。

```
D:\JavaSoftwareInstallation\jdk1.8\bin\java.exe ...
{Student{id=1, name='王五', age=20}=01, Student{id=4, name='笑笑', age=24}=04, Student{id=2, name='张三', age=30}=02, Student{id=3,
Process finished with exit code 0
```

图 11-8　程序运行结果

在上述代码中实现了自然排序，Student 类实现 Comparable 接口，而且所有的 key 应该是同一个类的对象，否则将会抛出 ClassCastException 异常。

2．定制排序

创建 TreeMap 时，构造器传入一个 Comparator 对象，该对象负责对 TreeMap 中的所有 key 进行排序。此时不需要使用 Map 接口的 key 实现 Comparable 接口。

【例 11-18】创建集合和 Student 类，使用 TreeSet 实现定制排序，代码如下：

```java
package com.chapter11.map;
import java.util.Objects;

public class Student02    {
    private Integer id;
    private String name;
    private Integer age;

    public Student02(Integer id, String name, Integer age) {
        this.id = id;
        this.name = name;
        this.age = age;
    }
    public Student02( ) {

    }
```

```java
    public Integer getId( ) {
        return id;
    }

    public void setId(Integer id) {
        this.id = id;
    }

    public String getName( ) {
        return name;
    }

    public void setName(String name) {
        this.name = name;
    }

    public Integer getAge( ) {
        return age;
    }

    public void setAge(Integer age) {
        this.age = age;
    }

    @Override
    public boolean equals(Object o) {
        if (this == o) return true;
        if (o == null || getClass( ) != o.getClass( )) return false;
        Student02 student = (Student02) o;
        return Objects.equals(id, student.id) && Objects.equals(name, student.name) && Objects.equals(age, student.age);
    }

    @Override
    public int hashCode( ) {
        return Objects.hash(id, name, age);
    }

    @Override
    public String toString( ) {
        return "Student{" +
                "id=" + id +
                ", name='" + name + '\'' +
                ", age=" + age +
                '}';
    }
}
package com.chapter11.map;
import java.util.Comparator;
import java.util.TreeMap;
```

```java
public class MapDemo03 {
    public static void main(String[ ] args) {
        Student02 student=new Student02(1,"王五",20);
        Student02 student02=new Student02(2,"张三",30);
        Student02 student03=new Student02(4,"笑笑",24);
        Student02 student04=new Student02(3,"小花",33);
        Comparator comparator=new Comparator( ) {
            @Override
            public int compare(Object o1, Object o2) {
                if(o1 instanceof Student02 && o2 instanceof Student02){
                    Student02 student021 = (Student02)o1;
                    Student02 student022 = (Student02)o2;
                    int value = student021.getAge( ) - student022.getAge( );
                    if(value != 0){
                        return value;
                    }
                    return student021.getName( ).compareTo(student022.getName( ));
                }
                throw new RuntimeException("输入的类型不匹配");
            }
        };
        TreeMap treeMap=new TreeMap(comparator);
        treeMap.put(student,"01");
        treeMap.put(student02,"02");
        treeMap.put(student03,"03");
        treeMap.put(student04,"04");
        System.out.println(treeMap);
    }
}
```

程序运行结果，如图 11-9 所示。

```
on\jdk1.8\bin\java.exe ...
', age=20}=01, Student{id=4, name='笑笑', age=24}=03, Student{id=2, name='张三', age=30}=02, Student{id=3, name='小花', age=33}=04}
t code 0
```

图 11-9　程序运行结果

在上述代码中，Student02 类不需要实现 Comparable 接口，只要实现 Comparator 接口，就可以实现定制排序。TreeMap 判断两个 key 相等的标准是：两个 key 通过 compareTo( )方法或 compare( )方法返回 0。

11.3.4　Hashtable 实现类

Hashtable 是 Map 接口的"古老"实现类，JDK 1.0 就已经提供。不同于 HashMap，Hashtable 是线程安全的。Hashtable 实现原理和 HashMap 相同，功能相同。两者底层都使用哈希表结构（数组+单向链表），查询速度快。与 HashMap 一样，Hashtable 也不能保证其中 key-value

对数据的顺序。Hashtable 判断两个 key 相等、两个 value 相等的标准，与 HashMap 一致。与 HashMap 不同，Hashtable 不允许使用 null 作为 key 或 value。

11.3.5 Properties 实现类

Properties 是 Hashtable 的子类，用于处理属性文件。由于属性文件里的 key 和 value 都是字符串类型，所以 Properties 要求 key 和 value 都是字符串类型。在存取数据时，建议使用 setProperty(String key, String value)方法和 getProperty(String key)方法。

【例 11-19】创建集合，将元素添加到 prop 集合中，获取 prop 集合中的元素，代码如下：

```java
package com.chapter11.map;

import java.util.Properties;

public class PropertiesDemo {
    public static void main(String[ ] args) {
        PropertiesDemo propertiesDemo=new PropertiesDemo( );
        propertiesDemo.testProperties( );
    }
    public void testProperties( ){
        Properties prop = new Properties( );
        System.out.println("=====================将元素添加到集合中=================");
        prop.setProperty("username","root");
        prop.setProperty("password","root");
        System.out.println("=====================获取集合中的元素=================");
        String username = prop.getProperty("username");
        System.out.println(username);
        String password = prop.getProperty("password");
        System.out.println(password);
    }
}
```

在上述代码中，调用 setProperty( )方法将元素添加到集合中，key 和 value 只能是字符串，通过调用 getProperty( )方法获取集合中的元素。

11.4 Collections 工具类

Collections 是一个操作 Set、List 和 Map 等集合的工具类。Collections 提供了一系列静态方法对集合元素进行排序、查询和修改等操作，还提供对集合对象设置不可变、对集合对象实现同步控制等方法（均为 static 方法）。下面讲述一些常用的方法。

1．排序操作

（1）reverse(List)：反转集合中元素的顺序。

（2）shuffle(List)：对集合中的元素进行随机排序。

（3）sort(List)：根据元素的自然顺序对指定集合的元素按升序排序。

（4）sort(List, Comparator)：根据指定 Comparator 产生的顺序对集合中的元素进行排序。

（5）swap(List, int, int)：将指定集合中的一处元素和另一处元素进行交换。

2．查找操作

（1）Object max(Collection)：根据元素的自然顺序，返回给定集合中的最大元素。

（2）Object max(Collection, Comparator)：根据 Comparator 指定的顺序，返回给定集合中的最大元素。

（3）Object min(Collection)：根据元素的自然顺序，返回给定集合中的最小元素。

（4）Object min(Collection，Comparator)：根据 Comparator 指定的顺序，返回给定集合中的最小元素。

（5）int binarySearch(List list, T key)在 list 集合中查找某个元素的下标，但 List 的元素必须是 T 或 T 的子类对象，而且必须是可以比较大小的，即支持自然排序。集合必须是有序的，否则结果不确定。

（6）int binarySearch(List list, T key, Comparator c)在 list 集合中查找某个元素的下标，但 list 的元素必须是 T 或 T 的子类对象。集合必须事先按照 c 比较器规则进行过排序，否则结果不确定。

（7）int frequency(Collection c, Object o)：返回指定集合中指定元素出现的次数。

3．复制、替换操作

（1）void copy(List dest, List src)：将 src 中的内容复制到 dest 中。

（2）boolean replaceAll(List list, Object oldVal, Object newVal)：使用新值替换 List 对象的所有旧值。

（3）提供多个 unmodifiableXxx( )方法，该方法返回指定 Xxx 的不可修改的视图。

4．添加操作

boolean addAll(Collection c, T... elements)将所有指定元素添加到指定集合 c 中。

关于以上方法的具体使用方式，可以查看 JDK API 在线文档。

本章小结

Java 集合框架是 Java 编程中不可或缺的一部分，它提供了一套丰富的数据结构和算法，使开发者可以更加方便地处理集合数据。集合框架具有接口与实现分离、算法复用、易于扩展等特点，极大地提高了 Java 编程的效率和灵活性。

关键术语

列表（List）、集合（Set）、树映射（TreeMap）、哈希映射（HashMap）

习题

选择题

以下哪一个实现类允许存储重复元素？（　　）
A．HashSet　　　　　B．TreeSet　　　　　C．HashMap　　　　　D．ArrayList

实际操作训练

给定一个整数数组，去除其中的重复元素，并将剩余的元素按照从小到大的顺序输出。

第 12 章
File 类与输入输出流

【本章教学要点】

知 识 要 点	掌 握 程 度	相 关 知 识
File 类	掌握	1. File 类概述 2. File 类的构造方法 3. File 类的常用方法
输入输出流分类	掌握	1. 输入输出流分类概述 2. 输入输出流 API
节点流	重点掌握	1. Reader 与 Writer 2. FileReader 与 FileWriter 实现类 3. InputStream 与 OutputStream 4. FileInputStream 与 FileOutputStream
处理流	重点掌握	1. 缓存流 2. 转换流
其他流	掌握	1. 标准输入输出流 2. 打印流 3. Scanner 类

【本章技能要点】

技 能 要 点	掌 握 程 度	应 用 方 向
输入输出流分类	掌握	1. 应用开发 2. Web 开发 3. 桌面开发 4. 大数据开发
节点流	重点掌握	1. 应用开发 2. Web 开发 3. 桌面开发 4. 大数据开发
处理流	重点掌握	1. 应用开发 2. Web 开发 3. 桌面开发 4. 大数据开发

【导入案例】

在一个宁静的编程小镇，居住着一位名叫 Jack 的程序员。Jack 喜欢编写各种有趣的应用程序，帮助小镇上的居民解决各种问题。最近，小镇图书馆遇到了一个难题，要将一批珍贵的古籍数字化，以便更好地保存和将其分享给全世界的学者。

Jack 接下了这个任务，他想到了使用 Java 的输入输出流来处理古籍的数字化过程。他计划了以下步骤。

（1）输入流（InputStream）：使用扫描仪作为输入源，通过 Java 的 InputStream 接口读取古籍的每页扫描图像。这个过程就像从扫描仪这个"水源"中抽取数据（图像）到 Java 程序中。

（2）处理：在 Java 程序中对这些图像进行预处理，如调整大小、裁剪边缘等，以确保数字化的质量。

（3）输出流（OutputStream）：处理完图像后，使用 OutputStream 接口将图像数据写入文件。这个过程就像将处理好的水（图像数据）倒入一个"水桶"（文件）中保存起来。

（4）文件操作：为了更好地管理数字化古籍，使用 Java 的文件 IO 类（如 File、FileInputStream、FileOutputStream 等）来创建、读取和写入文件。创建一个以古籍名称命名的文件夹，并在其中为每个扫描页创建一个单独的文件。

经过几天的努力，Jack 终于完成了所有古籍的数字化工作。他编写了一个简单的图形界面应用程序，让图书馆的工作人员可以轻松地查看、搜索和分享珍贵的数字化古籍。小镇上的居民和全世界的学者都对此赞不绝口，Jack 也因此成为小镇的英雄。

通过这个项目，Jack 不仅帮助小镇图书馆解决了古籍数字化的难题，还深刻体会到了 Java 的输入输出流在数据处理方面的强大作用。他意识到，无论是读取用户输入、处理文件数据，还是进行网络通信，输入输出流都是连接程序与世界的桥梁。从此以后，他更加热爱编程，并继续用 Java 的输入输出流创造更多有用的应用程序。

【课程思政】

（1）职业道德与诚信。

强调在编写涉及输入输出流的程序时，应该遵循职业道德，不非法读取或篡改他人数据；强调代码的原创性和诚信原则，避免抄袭和剽窃他人代码。

（2）规则意识与法律意识。

在讲解 Java 输入输出流中涉及的权限控制、文件访问等操作时，引导学生理解并遵守相关法律法规。通过实例分析，让学生认识到违反法律法规可能带来的严重后果。

（3）工匠精神与精益求精。

鼓励学生在编写涉及输入输出流的程序时，注重细节，追求完美，不断优化代码性能。通过分享优秀程序员的故事和案例，激发学生的工匠精神和追求卓越的动力。

（4）团队协作与沟通能力。

在项目实践中，鼓励学生进行团队合作，共同解决与输入输出流相关的问题。培养学生的沟通能力和团队协作精神，学会倾听他人的意见，共同推进项目进展。

12.1 File 类

12.1.1 File 类概述

File 类及本章讲的各种流，都定义在 java.io 包中。一个 File 对象代表硬盘或网络中可能存在的一个文件或者文件目录（俗称文件夹），与平台无关。File 类能够新建、删除、重命名文件和目录，但不能访问文件内容本身。如果需要访问文件内容本身，就需要使用输入输出流，通常称为 I/O 流。File 对象可以作为参数传递给流的构造器。要想在 Java 程序中表示一个真实存在的文件或目录，就必须有一个 File 对象，但 Java 程序中的一个 File 对象可能没有一个真实存在的文件或目录。

12.1.2　File 类的构造方法

1．public File(String pathname)

以 pathname 为路径创建 File 对象，可以是绝对路径或相对路径。如果 pathname 是相对路径，默认的当前路径就在系统属性 user.dir 中存储。

2．public File(String parent, String child)

以 parent 为父路径，以 child 为子路径，创建 File 对象。

3．public File(File parent, String child)

根据一个父 File 对象和子文件路径创建 File 对象。

【例 12-1】构建 File 类实例（对象），通过调用多样化的构造器，实现对不同 File 对象的创建，代码如下：

```java
package com.chapter12.file;
import java.io.File;
public class FileDemo {
    public static void main(String[ ] args) {
        //文件路径名
        String pathname = "D:\\aaa.txt";
        File file1 = new File(pathname);

        //文件路径名
        String pathname2 = "D:\\aaa\\bbb.txt";
        File file2 = new File(pathname2);
        //通过父路径和子路径字符串
        String parent = "d:\\aaa";
        String child = "bbb.txt";
        File file3 = new File(parent, child);
    }
}
```

在上述代码中，我们观察到通过调用具有不同参数的构造方法，成功创建了多样化的 File 对象实例。

小贴士

绝对路径：从盘符开始的路径，是一条完整的路径。

相对路径：相对项目目录的路径，是一条便捷的路径，在开发中经常使用。

> 在 IDEA 中，main 中文件的相对路径，是相对"当前工程"的。
>
> 在 IDEA 中，单元测试方法中的文件相对路径，是相对"当前 module"的。

12.1.3　File 类的常用方法

File 类有以下常用方法。

1．public String getName( )

获取名称。

2．public String getPath( )

获取路径。

3．public String getAbsolutePath( )

获取绝对路径。

4．public File getAbsoluteFile( )

获取绝对路径表示的文件。

5．public String getParent( )

获取上层文件目录路径。若上层文件无目录路径，则返回 null。

6．public long length( )

获取文件长度（字节数），不能获取目录的长度。

7．public long lastModified( )

获取最后一次修改的时间，毫秒值。

【例 12-2】构建文件类，实现文件名称的获取、文件路径的查询、文件绝对路径的确定、基于绝对路径定位文件、文件所在上级目录路径的获取、文件长度（字节总数）的计量，以及文件最后一次修改时间的追踪等操作，代码如下：

```
package com.chapter12.file;
import java.io.File;
public class FileDemo02 {
    public static void main(String[ ] args) {
        String txt="D:\\teachingMaterial\\code\\chapter12\\hello.txt";
        File file=new File(txt);
        System.out.println("==============获取文件的名称==============");
        String name = file.getName( );
        System.out.println(name);
        System.out.println("==============获取文件的路径==============");
        String path = file.getPath( );
        System.out.println(path);
        System.out.println("==============获取文件的绝对路径==============");
        String absolutePath = file.getAbsolutePath( );
        System.out.println(absolutePath);
```

```
            System.out.println("=============获取绝对路径表示的文件=============");
            File absoluteFile1 = file.getAbsoluteFile( );
            System.out.println(absoluteFile1);
            System.out.println("=============获取上级文件目录路径=============");
            String parent = file.getParent( );
            System.out.println(parent);
            System.out.println("=============获取文件长度（字节总数）=============");
            long length = file.length( );
            System.out.println(length);
            System.out.println("=============获取最后一次修改的时间=============");
            long l = file.lastModified( );
            System.out.println(l);
        }
    }
```

在上述代码中，通过调用 getName( )方法获取文件的名称，通过调用 getPath( )方法获取文件的相对路径。进一步，通过调用 getAbsolutePath( )方法返回文件的绝对路径，其返回值为 String 类型。此外，getAbsoluteFile( )方法不仅提供文件的绝对路径，还以 File 类型的形式返回对应的文件对象。若要获取该文件所在的上级目录路径，可以使用 getParent( )方法。对文件的大小信息，可以通过调用 length( )方法以字节为单位进行获取。最后，通过调用 lastModified( )方法获取文件最后一次被修改的时间戳。

小贴士

文件类的一些具体使用方法。

1. public String[ ] list( )：返回一个 String 数组，表示该 File 目录中的所有子文件或目录。

2. public File[ ] listFiles( )：返回一个 File 数组，表示该 File 目录中的所有子文件或目录。

3. public boolean renameTo(File dest)：将文件重命名。

4. public boolean exists( )：此 File 表示的文件或目录是否实际存在。

5. public boolean isDirectory( )：此 File 表示的是否为目录。

6. public boolean isFile( )：此 File 表示的是否为文件。

7. public boolean canRead( )：判断是否可读。

8. public boolean canWrite( )：判断是否可写。

9. public boolean isHidden( )：判断是否隐藏。

10. public boolean createNewFile( )：创建文件。若文件存在，则不创建，返回 false。

11. public boolean mkdir( )：创建文件目录。若此文件目录存在，则不创建。若此文件目录的上级目录不存在，也不创建。

12. public boolean mkdirs( )：创建文件目录。若上级文件目录不存在，则一并创建。

13. public boolean delete( )：删除文件或文件夹。注意事项：

（1）Java 中的删除不经过回收站。

（2）要删除一个文件目录，需要注意该文件目录内不能包含文件或文件目录。

12.2 输入输出流分类

12.2.1 输入输出流分类概述

java.io 包中提供各种"流"类和接口,用以获取不同种类的数据,并通过标准的方法输入或输出数据。

1. 按数据的流向分为输入流和输出流

(1) 输入流:把数据从其他设备上读取到内存中的流,以 InputStream、Reader 结尾。
(2) 输出流:把数据从内存中输出到其他设备上的流,以 OutputStream、Writer 结尾。

2. 按操作数据单位分为字节流(8bit)和字符流(16bit)

(1) 字节流:以字节为单位读写数据的流,以 InputStream、OutputStream 结尾。
(2) 字符流:以字符为单位读写数据的流,以 Reader、Writer 结尾。

3. 根据角色不同分为节点流和处理流

(1) 节点流:直接从数据源或目的地读写数据,如图 12-1 所示。
(2) 处理流:不直接连接数据源或目的地,而是"连接"已经存在的流(节点流或处理流),通过对数据的处理为程序提供更强大的读写功能,如图 12-2 所示。

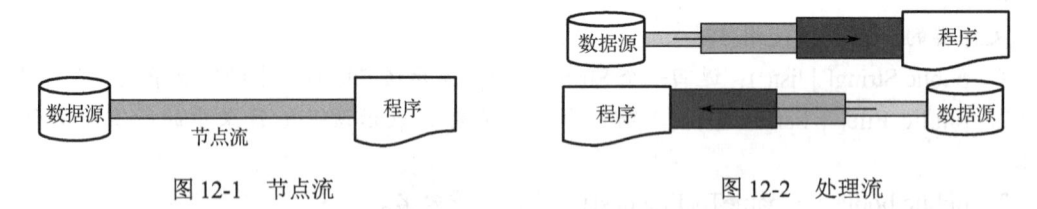

图 12-1 节点流　　　　　图 12-2 处理流

12.2.2 输入输出流 API

Java 的输入输出流共涉及 40 多个类,实际上非常规整,都是从四个抽象基类派生的,即输入流、输出流、字节流、字符流。

由四个抽象基类派生出来的子类名都是以其父类名作为子类名的后缀。

1. 常用的节点流

(1) 文件流:FileInputStream、FileOutputStream、FileReader、FileWriter。
(2) 字节/字符数组流:ByteArrayInputStream、ByteArrayOutputStream、CharArrayReader、CharArrayWriter。
(3) 对数组进行处理的节点流(对应的不再是文件,而是内存中的一个数组)。

2. 常用处理流

(1) 缓存流:BufferedInputStream、BufferedOutputStream、BufferedReader、BufferedWriter,增加缓存功能,避免频繁读写硬盘,进而提升读写效率。

（2）转换流：InputStreamReader、OutputStreamReader，实现字节流和字符流之间的转换。
（3）对象流：ObjectInputStream、ObjectOutputStream，提供直接读写 Java 对象的功能。

12.3 节点流

12.3.1 Reader 与 Writer

1．字符输入流：Reader

java.io.Reader 抽象类是用于表示读取字符流的所有类的父类，可以读取字符信息到内存中。它定义了字符输入流的基本共性功能方法。

（1）public int read( )：从输入流中读取一个字符。虽然读取一个字符，但会自动提升为 int 类型，返回该字符的 Unicode 编码值。若已经读取到输入流末尾，则返回-1。

（2）public int read(char[ ] cbuf)：从输入流中读取一些字符，并将其存储到字符数组 cbuf 中。每次最多读取 cbuf.length 个字符，返回实际读取的字符个数。若已经读取到输入流末尾，没有数据可读，则返回-1。

（3）public int read(char[ ] cbuf, int off, int len)：从输入流中读取一些字符，并将其存储到字符数组 cbuf 中，从 cbuf[off]开始的位置存储。每次最多读取 len 个字符，返回实际读取的字符个数。若已经读取到输入流末尾，没有数据可读，则返回-1。

（4）public void close( )：关闭输入流并释放与其相关联的任何系统资源。

> **小贴士**
> 当完成字符输入流的操作时，必须调用 close( )方法，释放系统资源，否则会造成内存泄漏。

2．字符输出流：Writer

java.io.Writer 抽象类是表示用于写出字符流的所有类的超类，将指定的字符信息写到目的地。它定义了字节输出流的基本共性功能方法。

（1）public void write(int c)：写出单个字符。
（2）public void write(char[ ] cbuf)：写出字符数组。
（3）public void write(char[ ] cbuf, int off, int len)：写出字符数组的某一部分。off，数组开始的索引；len，写出的字符个数。
（4）public void write(String str)：写出字符串。
（5）public void write(String str, int off, int len)：写出字符串的某一部分。off，字符串开始的索引；len，写出的字符个数。
（6）public void flush( )：刷新该流的缓存。
（7）public void close( )：关闭该流。

> **小贴士**
> 当完成字符输出流的操作时，必须调用 close( )方法，释放系统资源，否则会造成内存溢出。

12.3.2　FileReader 与 FileWriter 实现类

1. FileReader 实现类

java.io.FileReader 类用于读取字符文件，在构造时使用系统默认的字符编码和默认字节缓存区。

（1）FileReader(File file)：创建一个新的 FileReader，给定要读取的 File 对象。

（2）FileReader(String fileName)：创建一个新的 FileReader，给定要读取的文件名称。

【例 12-3】读取 hello.txt 文件中的字符数据，并将其显示在控制台上，代码如下：

```java
package com.chapter12.readerwriter;
import java.io.File;
import java.io.FileReader;
/**
 * 读取 hello.txt 文件中的字符数据，并显示在控制台上
 */
public class FileReaderWriterDemo {
    public static void main(String[ ] args) throws Exception{
        //创建 File 对象
        File file=new File("hello.txt");
        //创建 FileReader 对象，将 File 对象作为参数传递给 FileReader 的构造方法
        FileReader reader=new FileReader(file);
        int data;
        while((data=reader.read( ))!=-1){
            System.out.print((char)data);
        }
        //关闭相关资源
        reader.close( );
    }
}
```

程序运行结果，如图 12-3 所示。

```
D:\JavaSoftwareInstallation\jdk1.8\bin\java.exe ...
hello
world
haha
xixi
student
person
```

图 12-3　程序运行结果

在上述代码中，我们创建了一个 File 对象，通过参数引用了相对路径。随后，我们利用该 File 对象创建了一个 FileReader 对象，并调用了其 read( ) 方法进行数据读取。在读取过程中，如果返回值不等于-1，则表明还有数据可以继续读取。

2. FileWriter 实现类

java.io.FileWriter 类用于将字符写入文件，在构造时使用系统默认的字符编码和默认字节缓存区。

（1）FileWriter(File file)：创建一个新的 FileWriter，给定要写入的 File 对象。
（2）FileWriter(String fileName)：创建一个新的 FileWriter，给定要写入的文件名称。
（3）FileWriter(File file,boolean append)：创建一个新的 FileWriter，指明是否在现有文件末尾追加内容。

【例 12-4】将字符写入 a.txt 文件中，代码如下：

```java
package com.chapter12.readerwriter;
import java.io.File;
import java.io.FileWriter;
/**
 *将字符写入 a.txt 文件中
 */
public class FileWriterDemo {
    public static void main(String[ ] args) throws Exception{
        //创建 File 对象
        File file=new File("a.txt");
        //创建 FileWriter 对象
        FileWriter fileWriter=new FileWriter(file);
        fileWriter.write(97);
        fileWriter.write('a');
        fileWriter.write('b');
        fileWriter.write('c');
        //字符串转换为字节数组
        char[ ] charArray = "chapter12".toCharArray( );
        //写出字符数组
        fileWriter.write(charArray);
        //从索引 1 开始，2 个字符
        fileWriter.write(charArray,1,2);
        //关闭资源
        fileWriter.close( );
    }
}
```

在上述代码中，调用 write( )方法将数据写入文件，可以将 int 类型的数据通过编码转换为字符，也可以将其直接写入数组。

12.3.3　InputStream 与 OutputStream

1．InputStream

java.io.InputStream 抽象类是表示字节输入流的所有类的超类，可以读取字节信息到内存中。它定义了字节输入流的基本共性功能方法。

（1）public int read( )：从输入流中读取一个字节，返回读取的字节值。虽然读取了一个字节，但字节会自动提升为 int 类型。若已经读取到输入流末尾，没有数据可读，则返回-1。

（2）public int read(byte[ ] b)：从输入流中读取一些字节数，并将其存储到字节数组 b 中。每次最多读取 b.length 个字节，返回实际读取的字节个数。若已经读取到输入流末尾，没有数据可读，则返回-1。

（3）public int read(byte[ ] b, int off, int len)：从输入流中读取一些字节数，并将其存储到字节数组 b 中，从 b[off]开始存储，每次最多读取 len 个字节，返回实际读取的字节个数。若已经读取到输入流末尾，没有数据可读，则返回-1。

（4）public void close( )：关闭输入流并释放与其相关联的任何系统资源。

> **小贴士**
> 当完成输入流的操作时，必须调用 close( )方法释放系统资源。

2. OutputStream

java.io.OutputStream 抽象类是表示字节输出流的所有类的超类，将指定的字节信息写出到目的地。它定义了字节输出流的基本共性功能方法。

（1）public void write(int b)：将指定的字节写入输出流。虽然参数为 int 类型四个字节，但只会保留一个字节的信息。

（2）public void write(byte[ ] b)：将 b.length 字节从指定的字节数组中写入输出流。

（3）public void write(byte[ ] b, int off, int len)：从指定的字节数组写入 len 字节，从偏移量 off 开始输出到输出流。

（4）public void flush( )：刷新输出流并强制将任何缓存的输出字节写出。

（5）public void close( )：关闭输出流并释放与其相关联的任何系统资源。

> **小贴士**
> 当完成输出流的操作时，必须调用 close( )方法释放系统资源。

12.3.4 FileInputStream 与 FileOutputStream

1. FileInputStream

java.io.FileInputStream 类是文件输入流，从文件中读取字节。

（1）FileInputStream(File file)：通过打开实际文件的链接来创建一个 FileInputStream，该文件由文件系统中的 File 对象 file 命名。

（2）FileInputStream(String name)：通过打开实际文件的链接来创建一个 FileInputStream，该文件由文件系统中的路径名 name 命名。

【例 12-5】读取 hello.txt 文件中的数据，并将其显示在控制台上，代码如下：

```java
package com.chapter12.outinputstream;
import java.io.File;
import java.io.FileInputStream;
public class FileInputStreamDemo {
    public static void main(String[ ] args)throws Exception {
        //创建 File 对象
        File file=new File("hello.txt");
        //创建 FileInputStream 对象
        FileInputStream fileInputStream=new FileInputStream(file);
        //定义变量，保存数据
```

```
            int b;
            //循环读取
            while((b=fileInputStream.read( ))!=-1){
                System.out.print((char)b);
            }
            //关闭资源
            fileInputStream.close( );
        }
}
```

程序运行结果，如图 12-4 所示。

```
D:\JavaSoftwareInstallation\jdk1.8\bin\java.exe ...
hello
world
haha
xixi
student
person
```

图 12-4　程序运行结果

例 12-3 与例 12-5 的需求是相同的，但它们在代码中的处理方式有所区别。具体来说，例 12-3 采用了字符串读取方式，逐个字符地读取整个文件的内容；而例 12-5 采用字节流读取方式，逐个字节地读取整个文件的内容。

2．FileOutputStream

java.io.FileOutputStream 类是文件输出流，用于将数据写入文件。

（1）public FileOutputStream(File file)：创建文件输出流，写出由指定的 File 对象 file 表示的文件。

（2）public FileOutputStream(String name)：创建文件输出流，以指定的名称写入文件。

（3）public FileOutputStream(File file, boolean append)：创建文件输出流，指明是否在现有文件末尾追加内容。

【例 12-6】将字符写入 b.txt 文件中，代码如下：

```java
package com.chapter12.outinputstream;
import java.io.File;
import java.io.FileOutputStream;
import java.io.IOException;
public class FileOutputStreamDemo {
    public static void main(String[ ] args) {
        //创建对象
        File file=new File("b.txt");
        //定义 FileOutputStream 对象
        FileOutputStream fileOutputStream=null;
        try{
            fileOutputStream=new FileOutputStream(file);
            //写入数据
            fileOutputStream.write(97);
            fileOutputStream.write(98);
```

```
                fileOutputStream.write(99);
            }catch (Exception e){
                e.printStackTrace( );
            }finally {
                try {
                    //关闭资源
                    fileOutputStream.close( );
                } catch (IOException e) {
                    throw new RuntimeException(e);
                }
            }
        }
    }
```

例 12-4 与例 12-6 的需求相同，但它们在代码中的处理方式存在差异，主要体现在使用的对象上。具体来说，例 12-4 采用字符流将数据写入文件，而例 12-6 利用字节流完成相同的操作。此外，在处理异常方面，尽管在一般情况下推荐使用 try-catch 结构来捕获并处理异常，但在上述两个案例中，尤其是例 12-6，用关键字 throw 声明并抛出异常。这一设计决策旨在提升代码的可读性，便于后续的开发与维护。

【例 12-7】复制图片 img.png 到同一个路径下，重命名为 newimg.png，代码如下：

```
package com.chapter12.outinputstream;
import java.io.File;
import java.io.FileInputStream;
import java.io.FileOutputStream;
/**
 *将图片 img.png 复制到同一个路径下，名称为 newimg.png
 */
public class FileInputOutputStreamDemo {
    public static void main(String[ ] args) {
        FileInputStream fileInputStream=null;
        FileOutputStream fileOutputStream=null;
        try {
            //创建 fileInputStream 对象，读取文件
            fileInputStream=new FileInputStream(new File("img.png"));
            //创建 fileOutputStream 对象，写入文件
            fileOutputStream=new FileOutputStream(new File("newimg.png"));
            //设置缓存区
            byte[ ] buffer=new byte[1024];
            //每次读入 buffer 中字节的个数
            int length=0;
            while((length=fileInputStream.read(buffer))!=-1){
                //写入文件
                fileOutputStream.write(buffer,0,length);
            }
            System.out.println("复制成功");
        }catch (Exception e){
```

```
                e.printStackTrace( );
        }finally {
            //关闭资源
            try{
                if(fileOutputStream!=null){
                    fileOutputStream.close( );
                }if(fileInputStream!=null){
                    fileInputStream.close( );
                }
            }catch (Exception e){
                e.printStackTrace( );
            }
        }
    }
}
```

在上述代码中，利用 FileInputStream 对象读取文件内容，并通过 FileOutputStream 对象将内容写入文件；将 img.png 图片复制到同一路径下，并将其重命名为 newimg.png。为了妥善管理可能出现的异常及释放资源，我们采用了 try-catch-finally 这一标准的异常处理结构。在 finally 语句块中，我们确保了对资源的正确关闭。try-catch-finally 结构广泛用于异常处理及资源管理中，以确保程序的健壮性和资源的有效释放。

12.4 处理流

12.4.1 缓存流

1．缓存流概述

为了提高数据读写速度，Java API 提供了带缓存功能的流类——缓存流。

（1）缓存流"套接"在相应的节点流之上。根据数据操作单位，可以把缓存流分为以下两种类型。

① 字节缓存流：BufferedInputStream、BufferedOutputStream。

② 字符缓存流：BufferedReader、BufferedWriter。

（2）缓存流的基本原理。

在创建流对象时，内部会创建一个缓存区数组［缺省使用 8192 字节（8KB）的缓存区］，通过缓存区读写，减少系统输入输出次数，从而提高读写效率，如图 12-5 所示。

2．缓存流的构造方法

（1）public BufferedInputStream(InputStream in)：创建一个新的字节型缓存输入流。

（2）public BufferedOutputStream(OutputStream out)：创建一个新的字节型缓存输出流。

（3）public BufferedReader(Reader in)：创建一个新的字符型缓存输入流。

（4）public BufferedWriter(Writer out)：创建一个新的字符型缓存输出流。

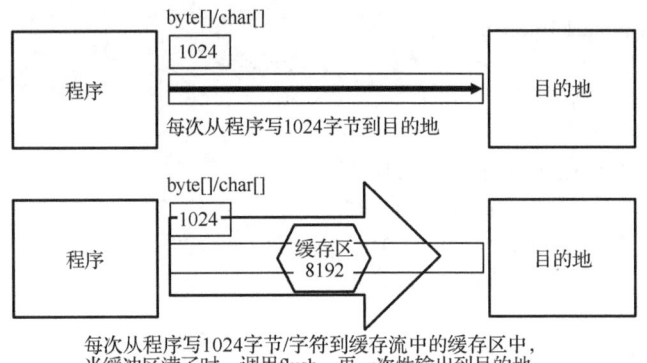

图 12-5 缓存流

【例 12-8】创建缓存流对象，调用不同的构造方法，创建不同的缓存流对象，代码如下：

```
package com.chapter12.buffered;
import java.io.*;
public class BufferedInputStreamDemo {
    public static void main(String[ ] args) throws Exception{
        //创建 FileInputStream 对象
        FileInputStream fileInputStream=new FileInputStream(new File("a.txt"));
        //缓存流 BufferedInputStream 的参数需要的是 FileInputStream 对象
        BufferedInputStream bufferedInputStream=new BufferedInputStream(fileInputStream);
        //创建 FileOutputStream 对象
        FileOutputStream fileOutputStream=new FileOutputStream("c.txt");
        //缓存流 BufferedOutputStream 的参数需要的是 FileOutputStream 对象
        BufferedOutputStream bufferedOutputStream=new BufferedOutputStream(fileOutputStream);
        FileReader fileReader=new FileReader("a.txt");
        BufferedReader bufferedReader=new BufferedReader(fileReader);
        FileWriter fileWriter=new FileWriter("c.txt");
        BufferedWriter bufferedWriter=new BufferedWriter(fileWriter);
    }
}
```

在上述代码中，我们创建了字节流的缓存流与字符流的缓存流，二者均属于处理流的范畴。通过调用不同的构造方法，我们能够创建出各具特色的缓存流，以满足不同的数据处理需求。

3．缓存流的常用方法

（1）BufferedReader。public String readLine( )：读一行文字。

（2）BufferedWriter。public void newLine( )：写一行分隔符，由系统属性定义符号。

【例 12-9】将文件 test.txt 复制到同一路径下，并更名为 newtest.txt，代码如下：

```
package com.chapter12.buffered;
import java.io.*;

/**
 * 复制 test.txt 文件，复制到同一个路径下，重命名为 newtest.txt 文件 */
```

```java
public class BufferedReaderWriterDemo {
    public static void main(String[ ] args) {
        FileReader fileReader=null;
        FileWriter fileWriter=null;
        BufferedReader bufferedReader=null;
        BufferedWriter bufferedWriter=null;
        try{
            fileReader=new FileReader("test.txt");
            fileWriter=new FileWriter("newtest.txt");
            bufferedReader=new BufferedReader(fileReader);
            bufferedWriter=new BufferedWriter(fileWriter);
            String line=null;
            while((line=bufferedReader.readLine( ))!=null){
                bufferedWriter.write(line);
                bufferedWriter.newLine( );
            }
        }catch (Exception e){
            e.printStackTrace( );
        }finally{
            try{
                //先关闭后开的
                bufferedWriter.close( );
                bufferedReader.close( );
                fileWriter.close( );
                fileReader.close( );
            }catch (IOException io){
                io.printStackTrace( );
            }
        }
    }
}
```

在上述代码中，将 test.txt 文件复制到同一路径下，并将其重命名为 newtest.txt。值得注意的是，例 12-9 与例 12-7 在基本逻辑上颇为相似，但在处理文件时采用了不同的流类型。具体来说，例 12-9 采用缓存流，通过逐行读取和写入文件来实现对数据的处理；例 12-7 采用字节流，通过逐个字节地读取和写入文件来完成相同的任务。

小贴士

在涉及嵌套的多个流时，如果都要显式关闭的话，就需要先关闭外层的流，再关闭内层的流。

实际上，在开发中，只要关闭最外层的流即可，因为在关闭外层的流时，内层的流也会被关闭。

12.4.2 转换流

1．为什么使用转换流

使用 FileReader 读取项目中的文本文件，由于 IDEA 针对项目设置了 UTF-8 编码，当读取 Windows 系统创建的文本文件时，如果 Windows 系统默认的是 GBK 编码，文件读入内存就会出现乱码。

针对文本文件，使用一个字节流读入，希望将数据显示在控制台上。此时包含中文的文本数据就可能出现乱码现象，如图 12-6 和图 12-7 所示。

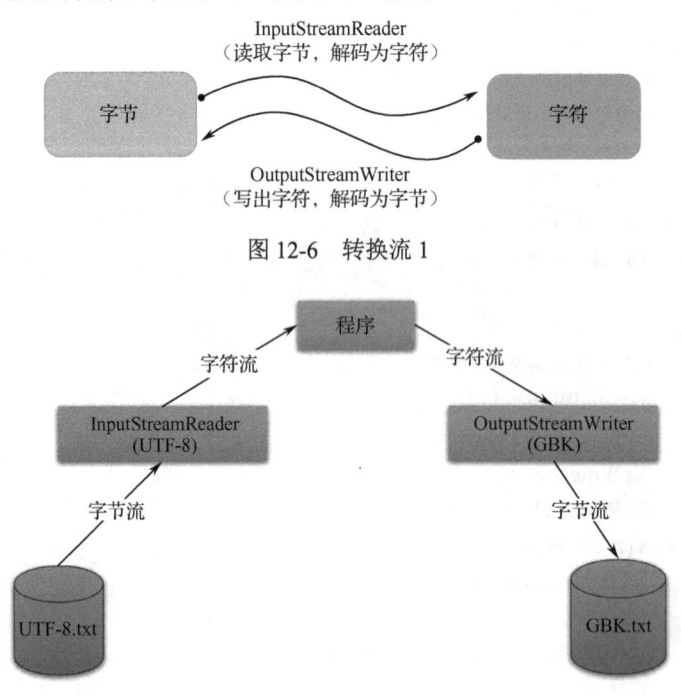

图 12-6　转换流 1

图 12-7　转换流 2

2．转换流概述

（1）转换流 java.io.InputStreamReader 是 Reader 的子类，是从字节流到字符流的桥梁。它读取字节，并使用指定的字符集将其解码为字符。它的字符集可以由名称指定，也可以接受平台的默认字符集。

（2）转换流 java.io.OutputStreamWriter 是 Writer 的子类，是从字符流到字节流的桥梁。它使用指定的字符集，将字符编码为字节。它的字符集可以由名称指定，也可以接受平台的默认字符集。

3．转换流的使用

（1）InputStreamReader(InputStream in)：创建一个使用默认字符集的字符流。

（2）InputStreamReader(InputStream in, String charsetName)：创建一个指定字符集的字符流。

（3）OutputStreamWriter(OutputStream in)：创建一个使用默认字符集的字符流。

（4）OutputStreamWriter(OutputStream in, String charsetName)：创建一个指定字符集的字符流。

【例 12-10】将 test.txt 文件复制到同一个路径下，重命名为 test2.txt 文件，代码如下：

```java
package com.chapter12.inputoutputstreamreaderwriter;
import java.io.FileInputStream;
import java.io.FileOutputStream;
import java.io.InputStreamReader;
import java.io.OutputStreamWriter;
public class InputOutputStreamReaderWriterDemo {
    public static void main(String[ ] args) {
        FileInputStream fileInputStream = null;
        FileOutputStream fileOutputStream = null;
        InputStreamReader inputStreamReader=null;
        OutputStreamWriter outputStreamWriter=null;
        try {
            fileInputStream=new FileInputStream("test.txt");
            inputStreamReader=new InputStreamReader(fileInputStream);
            fileOutputStream=new FileOutputStream("test2.txt");
            outputStreamWriter=new OutputStreamWriter(fileOutputStream);
            int a;
            while((a=inputStreamReader.read( ))!=-1){
                char c = (char) a;
                //判断英文是否为小写，如果是小写就转换为大写
                if(Character.isLowerCase(c)){
                    c=Character.toUpperCase(c);
                }
                outputStreamWriter.write(c);
            }
            System.out.println("文件处理完成");
        }catch (Exception e) {
            e.printStackTrace( );
        }finally {
            try {
                outputStreamWriter.close( );
                inputStreamReader.close( );
            }catch (Exception e) {
                e.printStackTrace( );
            }
        }
    }
}
```

在上述代码中，精心构建了用于读取操作的 FileInputStream 与 InputStreamReader 的组合，以及针对写入操作的 FileOutputStream 与 OutputStreamWriter 的组合。通过这样的组合，程序能够从输入文件中逐个字符地读取数据，随后执行小写转大写的简单转换处理，最终将处理完毕的字符准确无误地写入输出文件中。为了确保字符编码的一致性，避免产生乱码现象，在代码中巧妙地运用了转换流技术。

12.5 其他流

12.5.1 标准输入输出流

System.in 和 System.out 分别代表系统标准的输入和输出设备，默认输入设备是键盘，默认输出设备是显示器。

（1）System.in 的类型是 InputStream 对象。

（2）System.out 的类型是 PrintStream 对象。PrintStream 对象的父类是 FilterOutputStream 对象，而 FilterOutputStream 对象的父类是 OutputStream 对象。

（3）通过 System 类的 setIn( )和 setOut( )方法，实现对默认输入输出设备的修改。

① public static void setIn(InputStream in)

② public static void setOut(PrintStream out)

【例 12-11】通过键盘输入字符串，要求将接收到的整行字符串转换为大写形式并输出。程序随后保持输入操作持续进行，直至接收到"e"或"exit"作为输入，方可退出运行，代码如下：

```java
package com.chapter12.otherstream;
import java.io.BufferedReader;
import java.io.IOException;
import java.io.InputStreamReader;
public class SystemStreamDemo {
    public static void main(String[ ] args) {
        System.out.println("请输入信息(退出输入 e 或 exit):");
        //把"标准"输入流(键盘输入)这个字节流包装成字符流，再包装成缓存流
        BufferedReader br = new BufferedReader(new InputStreamReader(System.in));
        String s = null;
        try {
            while ((s = br.readLine( )) != null) {
                //读取用户输入的一行数据 --> 阻塞程序
                if ("e".equalsIgnoreCase(s) || "exit".equalsIgnoreCase(s)) {
                    System.out.println("安全退出!!");
                    break;
                }
                //将读取到的整行字符串转成大写输出
                System.out.println("-->:" + s.toUpperCase( ));
                System.out.println("继续输入信息");
            }
        } catch (IOException e) {
            e.printStackTrace( );
        } finally {
            try {
                if (br != null) {
                    br.close( ); //关闭过滤流时，会自动关闭它包装的底层节点流
                }
```

```
            } catch (IOException e) {
                e.printStackTrace( );
            }
        }
    }
}
```

程序运行结果，如图 12-8 所示。

```
D:\JavaSoftwareInstallation\jdk1.8\bin\java.exe ...
请输入信息(退出输入e或exit)：
java
-->:JAVA
继续输入信息
zpark
-->:ZPARK
继续输入信息
e
安全退出！！
```

图 12-8　程序运行结果

在上述代码中，通过调用 System.in 方法实现键盘输入，利用 System.out 方法进行键盘输出，并调用 e 方法实现程序的退出。

12.5.2　打印流

1．打印流概述

打印流实现将基本数据类型的数据转化为字符串输出。

（1）PrintStream 和 PrintWriter 提供了一系列重载的 print( )和 println( )方法，用于多种数据类型的输出。

（2）PrintStream 和 PrintWriter 的输出不会抛出 IOException 异常。

（3）PrintStream 和 PrintWriter 有自动 flush 功能。

（4）PrintStream 打印的所有字符都使用平台的默认字符编码并转换为字节。在需要写入字符而不是写入字节的情况下，应该使用 PrintWriter 类。

（5）System.out 返回的是 PrintStream 实例。

2．构造器

（1）PrintStream(File file)：创建具有指定文件且不带自动行刷新的新打印流。

（2）PrintStream(File file, String csn)：创建具有指定文件和字符集且不带自动行刷新的新打印流。

（3）PrintStream(OutputStream out)：创建新打印流。

（4）PrintStream(OutputStream out, boolean autoFlush)：创建新打印流。若 autoFlush 为 true，则每当写入 byte 数组、调用其中一个 println 方法或写入换行符或字节('\n')时都会刷新输出缓存区。

（5）PrintStream(OutputStream out, boolean autoFlush, String encoding)：创建新打印流。

（6）PrintStream(String fileName)：创建具有指定文件名称且不带自动行刷新的新打印流。

（7）PrintStream(String fileName, String csn)：创建具有指定文件名称和字符集且不带自动行刷新的新打印流。

3．打印流的使用

【例 12-12】将数据写入 d.txt 文件，利用打印流进行操作，代码如下：

```java
package com.chapter12.otherstream;
import com.chapter12.outinputstream.FileOutputStreamDemo;
import java.io.FileOutputStream;
import java.io.PrintStream;
import java.io.PrintWriter;
public class PrintStreamDemo {
    public static void main(String[ ] args) {
        FileOutputStream fileOutputStream = null;
        try {
            //创建 fileOutputStream 对象
            fileOutputStream=new FileOutputStream("d.txt");
            //创建输出 PrintStream
            PrintStream printStream=new PrintStream(fileOutputStream);
            printStream.println("student01");
            printStream.println("student02");
            printStream.println("student03");
            printStream.println("student04");
            PrintWriter printWriter=new PrintWriter(fileOutputStream);
            printWriter.println("Hello World");
            printWriter.println("Hello World");
            printWriter.println("Hello World");
            System.out.println("输出完成，查看 d.txt 文件");
        }catch (Exception e){
            e.printStackTrace( );
        }
    }
}
```

在上述代码中，我们创建了一个 PrintStream 打印流对象，并通过调用 println( )方法来实现将内容写入文件的操作。

12.5.3　Scanner 类

1．Scanner 类概述

Scanner 类是 Java 用于从各种输入源读取数据的实用工具，支持对基本数据类型和字符串的解析。通过使用 Scanner 类，我们可以轻松从标准输入流（如键盘输入）、文件、字符串等来源读取数据。

2．Scanner 类的使用场景

（1）用户交互程序。

在需要从用户处获取输入的程序中，Scanner 类是非常方便的工具。例如，命令行工具、

交互式游戏等，都可以使用 Scanner 类来读取用户的指令和输入数据。

（2）文件数据处理。

当需要处理文本文件中的数据时，Scanner 类可以逐行或逐个数据项地读取文件内容，并进行相应的处理。例如，分析一个包含学生成绩的文本文件，计算平均成绩、找出最高分等。

（3）数据验证和输入处理。

Scanner 类可以结合循环和条件语句，对用户输入进行验证。例如，要求用户输入一个正整数，若用户输入的不是正整数，则提示重新输入，直到输入正确为止。

3．Scanner 类的使用

在 Java 编程语言中，Scanner 类主要用于从各种输入源读取数据，下面是具体的读取方式。

（1）Scanner 类创建方式。

① 从标准输入（控制台）读取：Scanner scanner=new Scanner(System.in)；用于接收用户控制台的数据。

② 从文件读取：Scanner scanner1=new Scanner(new File("test.txt"))；必须有相应文件存在，否则会抛出 ileNotFoundException 异常。

③ 从字符串读取：Scanner scanner2=new Scanner("hello scanner")；直接从给定的字符串中提取数据。

（2）Scanner 对象读取常用的数据类型。

① 读取整数。

- nextInt( )方法：int nextInt = scanner.nextInt( )
- nextLong( )方法：long nextLong = scanner.nextLong( )

若输入的不是有效整数，则会直接抛出 InputMismatchException 异常。

② 读取浮点数。

- nextFloat( )方法：float nextFloat = scanner.nextFloat( )
- nextDouble( )方法：double nextDouble = scanner.nextDouble( )

若输入不合法，则会抛出异常。

③ 读取字符串。

- next( )方法：String next = scanner.next( )；读取字符串类型的数据。
- nextLine( )方法：String nextLine = scanner.nextLine( )；读取一行文本，包括空白字符，直到遇到换行符。

④ 读取布尔值。

nextBoolean( )方法：boolean nextBoolean = scanner.nextBoolean( )

需要输入"true"或者"false"，否则会出现异常。

【例 12-13】输入一行文本数据并输出到控制台，代码如下：

```
package com.chapter12.otherstream;
import java.util.Scanner;
public class ScannerDemo {
    public static void main(String[ ] args) throws Exception{
        System.out.println("请输入一行文本");
        Scanner   scanner=new Scanner(System.in);
```

```
            String s = scanner.nextLine( );
            System.out.println(s);
    }
}
```

程序运行结果，如图 12-9 所示。

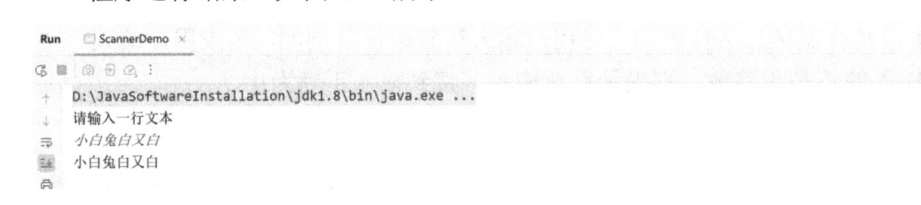

```
Run    ScannerDemo
  D:\JavaSoftwareInstallation\jdk1.8\bin\java.exe ...
  请输入一行文本
  小白兔白又白
  小白兔白又白
```

图 12-9　程序运行结果

在上述代码中，通过创建 Scanner 对象并调用 nextLine( )方法，实现将用户输入的一行文本输出到控制台。

本章小结

Java 的 File 类提供了对文件和目录进行操作的方法，而输入输出流则提供在不同数据源（如文件、网络等）之间传输数据的功能。通过合理使用 File 类和输入输出流，Java 程序可以高效地处理文件和其他输入输出操作。

关键术语

输入流（InputStream）、输出流（OutputStream）、文件输入流（FileInputStream）、文件输出流（FileOutputStream）

习题

选择题

以下哪一个方法可以从 FileInputStream 对象中读取一个字节的数据？（　　）
A．read( )　　　　　B．readLine( )　　　　　C．next( )　　　　　D．nextLine( )

实际操作训练

编写一个 Java 程序，实现从一个文本文件（oldtest.txt）中读取内容，并将其中的所有字母转换为大写字母后，写入另一个文本文件（newtest.txt）。

第 13 章 多线程

【本章教学要点】

知 识 要 点	掌 握 程 度	相 关 知 识
多线程基本概念	了解	1. 程序、进程与线程 2. 线程的调度 3. 多线程的优点 4. 单核与多核概述 5. 并行与并发概述
线程的创建与启动	掌握	1. 继承 Thread 类 2. 实现 Runnable 接口 3. 匿名内部类创建启动线程 4. 继承 Thread 类和实现 Runnable 接口的区别
线程的生命周期	重点掌握	线程的生命周期
多线程同步	重点掌握	1. 资源线程的安全问题 2. 同步机制
线程间的通信	重点掌握	1. 为什么要进行线程通信 2. 等待唤醒机制 3. 线程池
线程池	掌握	1. 为什么使用线程池 2. 线程池的优点 3. 线程池相关 API

【本章技能要点】

技 能 要 点	掌 握 程 度	应 用 方 向
线程同步	重点掌握	1. 应用开发 2. Web 开发 3. 桌面开发 4. 大数据开发
线程间的通信	重点掌握	1. 应用开发 2. Web 开发 3. 桌面开发 4. 大数据开发
JDK 5.0 新增线程创建方式	掌握	1. 应用开发 2. Web 开发 3. 桌面开发 4. 大数据开发

【导入案例】

在一个繁忙的餐厅里有一个大厨房，里面有几位厨师正在紧张有序地工作。这个厨房就像一个多线程的 Java 程序，每位厨师都像一个线程，他们各自负责不同的任务，共同协作完成任务。

主厨（Main Chef）相当于 Java 程序的主线程，他负责总体协调，如分配任务给各位厨师，以及监控整个厨房的运作。

切菜师（Vegetable Chopper）相当于一个专门的线程，负责将所有蔬菜切成需要的大小和形状。他快速工作，不断从蔬菜篮中取出食材，完成切割后放在准备好的盘子里。

厨师 A（Chef A）相当于一个线程，专门负责烹饪肉类。他精通各种肉类料理，从牛排到烤鸡，都得心应手。他时刻关注火炉，确保每道菜都能达到最佳口感。

厨师 B（Chef B）相当于一个线程，负责制作面食和主食。他忙着揉面、擀面、包饺子，为客人准备美味的碳水化合物。

装盘师（Plater）相当于一个辅助线程，他的工作是在所有食材准备好之后，将它们精心摆放在盘子上，装饰成令人垂涎的佳肴。他要确保每一道菜上桌时都是最美的状态。

厨房中的火炉、刀具、案板等都是共享资源，厨师们需要轮流使用这些资源，避免发生冲突。这就像 Java 中的同步代码块，确保同一时间只有一个线程可以访问某个共享资源。

当某个厨师需要等待某种食材时（如切菜师还没切好胡萝卜），他就会暂时停下手中的工作，直到食材准备好。这类似 Java 中的 wait( )和 notify( )机制，线程在特定条件下等待或被唤醒。

虽然每位厨师都有自己的专长和任务，但他们必须紧密协作，才能确保晚餐服务顺利进行。这就像 Java 多线程程序中的各个线程，虽然各自独立执行，但通过共享数据和协调机制，共同完成任务。

随着夜幕降临，餐厅逐渐热闹起来。厨房里的厨师们忙碌而有序地工作着，一道道美味佳肴被送到客人面前。一切顺利进行都要归功于他们（线程）之间的默契协作和高效管理。

通过这个小故事，我们可以更直观地理解 Java 多线程的概念和重要性。在 Java 程序中，合理使用多线程可以显著提高程序的执行效率和响应速度，但同时要注意线程间的同步和协作问题，以免发生数据错乱和程序崩溃的风险。

【课程思政】

（1）信息安全。

强调在开发过程中保护用户隐私和数据安全，防止黑客攻击和信息泄露。

（2）团队协作。

将学生分为若干小组，每个小组负责系统的一个模块。通过团队协作，培养学生的沟通能力和团队合作精神。

（3）社会责任感。

引导学生思考系统上线后对社会的影响，包括如何为用户提供更好的服务、如何防范网络犯罪等。

13.1 多线程基本概念

13.1.1 程序、进程与线程

1．程序概述

程序是为完成特定任务，用某种语言编写的一组指令的集合，即一段静态的代码，是静态对象。

2．进程概述

程序的一个执行过程，可以被视为在内存中运行的应用程序实例，如运行中的 QQ 或网易音乐播放器。每个进程均拥有独立的内存空间，并经历从创建、运行到消亡的完整生命周期。

程序本身是静态代码集合，而进程则是其动态执行的体现。作为操作系统进行资源调度和分配的最小单位（也是系统运行程序的基本单位），进程在运行期间会被系统分配到独立的内存区域。

现代操作系统普遍支持多进程环境，允许多个程序同时运行。例如，在上课期间，我们可能同时启动编辑器、录屏软件、画图板，以及 DOS 窗口等多个软件程序，每个程序都以独立进程的形式在系统中运行。

3．线程概述

进程可以被进一步细化为线程，即程序内部的一条独立执行路径。每个进程都至少包含一个线程。当一个进程能够同时并行执行多个线程时，我们称之为支持多线程处理。线程作为中央处理器（CPU）调度和执行的最小基本单位，其运行效率至关重要。

一个进程内的多个线程共享相同的内存空间，它们从同一堆内存中分配对象，并可以相互访问相同的变量和对象。这种共享机制极大地简化了线程间的通信过程，提升了通信效率。然而，多个线程共享系统资源的操作也可能产生安全隐患，需要开发者在设计时予以充分考虑。

> **小贴士**
> 不同的进程之间是不共享内存的。进程之间的数据交换和通信成本很高。

13.1.2 线程的调度

1．分时调度

所有线程按照既定规则轮流获得 CPU 的使用权，确保每个线程都能平均分配到相应的 CPU 时间片。

2．抢占式调度

在抢占式调度中，具有较高优先级的线程拥有更大的机会获得 CPU 资源。存在多个优先级相同的线程,系统将随机选择其中一个线程执行,体现了线程调度的随机性。值得注意的是,JVM 正是采用了这种抢占式调度策略。

13.1.3 多线程的优点

多线程具有以下优点。
(1)提高应用程序的响应速度。这一优化对图形化界面尤为重要,能够显著提升用户体验。
(2)提升计算机系统 CPU 的利用效率。
(3)优化程序结构。将冗长且复杂的进程合理划分为多个线程,使其能够独立运行,这样的设计既便于理解又容易修改。

13.1.4 单核与多核概述

1. 单核概述

在一个时间单元内,单核 CPU 只能执行一个线程的任务。我们可以把 CPU 看成医院的诊室,在一定时间内只能给一个病人诊断治疗。单核 CPU 就是,代码经过一系列前导操作(类似医院挂号,如有 10 个窗口挂号),然后到 CPU 处执行时发现只有一个 CPU(对应一个医生),大家只能排队执行。

2. 多核概述

多核 CPU 具有多个核心,每个核心都具备完整的处理器功能,包括算术逻辑单元(ALU)、控制单元、寄存器等。这些核心可以并行执行指令,就如同多个独立的处理器在协同工作。例如,在一个四核处理器中,就相当于有四个独立的处理器在同一芯片上同时运行。

13.1.5 并行与并发概述

1. 并行

并行即同时发生,描述两个或多个事件在同一时间点共同发生的情境。这个概念也适用于技术领域。例如,在同一时刻,多条指令能够在多个 CPU 上执行,极大地提升了处理效率。这类似在日常生活中,多个人在同一时间内进行不同的活动,体现了对时间与资源的有效利用。

2. 并发

并发即两个或多个事件在同一时间段内并行发生,即在特定的时间范围内,多个指令在单个 CPU 上实现快速切换与交替执行,从而在宏观上营造出多个进程同步运行的效果。

13.2 线程的创建与启动

13.2.1 继承 Thread 类

Java 通过继承 Thread 类来创建并启动多线程,下面是具体的实现流程。

（1）定义 Thread 类的子类，并重写该类的 run( )方法，该 run( )方法的方法体代表线程需要完成的任务。

（2）创建 Thread 子类的实例，即创建线程对象。

（3）调用线程对象的 start( )方法来启动该线程。

【例 13-1】继承 Thread 类，创建线程并启动线程，代码如下：

```java
package com.chapter13.create;
/**
 * 自定义线程继承 Thread 类
 */
public class MyThreadDemo extends Thread{
    //定义指定线程名称的构造方法
    public MyThreadDemo(String name){
        //调用父类的 String 参数的构造方法，指定线程的名称
        super(name);
    }
    /**
     * 重写 run 方法，实现该线程执行的逻辑
     */
    public void run( ){
        for (int i = 0; i < 10; i++) {
            System.out.println(getName( )+"：正在执行！"+i);
        }
    }
}
package com.chapter13.create;
public class ThreadDemoTest {
    public static void main(String[ ] args) {
        //创建自定义线程对象 1
        MyThreadDemo myThreadDemo=new MyThreadDemo("线程 1");
        //启动线程 1
        myThreadDemo.start( );
        //创建自定义线程对象 2
        MyThreadDemo myThreadDemo02=new MyThreadDemo("线程 2");
        //启动线程 2
        myThreadDemo02.start( );
        //在 main 方法中执行 for 循环
        for(int i=1;i<=10;i++){
            System.out.println("main 线程："+i);
        }
    }
}
```

在上述代码中，MyThreadDemo 类通过继承 Thread 类实现了对自定义线程的创建。MyThreadDemo 类重写了 Thread 类的 run( )方法，该方法定义了线程被调度执行时所需完成的任务。而在 ThreadDemoTest 类中，为了启动这个自定义线程，必须调用其 start( )方法。

小贴士

1. 如果手动调用 run( )方法，那么它就是一个普通的 Java 方法，并不会启动多线程模式。

2. run( )方法通常由 JVM 在特定时刻内调用，而调用的时机以及对执行过程的控制，完全由操作系统对 CPU 的调度决定。

3. 启动多线程，必须调用线程的 start( )方法。

4. 一个线程对象只能被调用一次 start( )方法来启动，若尝试重复调用，则会抛出 IllegalThreadStateException 异常。

5. 线程启动流程，如图 13-1 所示。

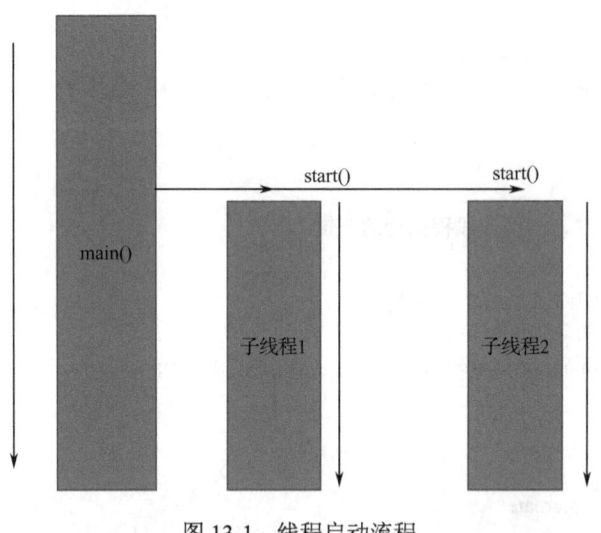

图 13-1 线程启动流程

13.2.2 实现 Runnable 接口

Java 具有单继承限制，当无法直接继承 Thread 类时，应该如何应对？Java 核心类库提供 Runnable 接口，这一机制允许通过实现 Runnable 接口并重写其 run( )方法来定义线程的执行体。随后，我们可以用 Thread 类的对象作为代理，启动并执行自定义的 run( )方法，从而灵活地实现多线程编程。下面是实现 Runnable 接口的具体流程。

（1）定义 Runnable 接口的实现类，并重新实现该接口的 run( )方法。该 run( )方法的具体实现即该线程的线程执行体。

（2）创建 Runnable 接口实现类的实例，并将该实例作为 Thread 类的 target 参数来构造 Thread 对象。这个 Thread 对象即真正的线程实体。

（3）通过调用线程对象的 start( )方法来启动线程。注意，不应该直接调用 Runnable 接口实现类的 run( )方法，因为这样做并不会启动一个新的线程，而是像调用普通方法一样在当前线程中执行 run( )方法的内容。

【例 13-2】实现 Runnable 接口，创建线程并启动线程，代码如下：

```
package com.chapter13.create;
public class MyThreadDemo02 implements Runnable {
```

```java
        @Override
        public void run( ) {
            for (int i = 0; i < 20; i++) {
                System.out.println(Thread.currentThread( ).getName( ) + " " + i);
            }
        }
    }
    package com.chapter13.create;
    public class RunnableDemoTest {
        public static void main(String[ ] args) {
            //创建自定义的对象，线程任务对象
            MyThreadDemo02 myThreadDemo02=new MyThreadDemo02( );
            //创建线程对象
            Thread thread=new Thread(myThreadDemo02);
            //启动线程对象
            thread.start( );
            for(int i=0;i<10;i++){
                System.out.println("chapter13："+i);
            }
        }
    }
```

在上述代码中，MyThreadDemo02 类通过实现 Runnable 接口，并覆写（重写）其 run( ) 方法来定义线程的执行任务。重要的是，MyThreadDemo02 并非直接代表线程对象本身，而是作为线程任务的一个载体或对象存在。实际的线程对象需要在 RunnableDemoTest 类中通过适当的构造进行创建，随后通过调用 start( ) 方法来启动这一线程，从而执行在 MyThreadDemo02 类中定义的 run( ) 方法内的任务。实现 Runnable 接口避免了单继承的局限性，多个线程可以共享同一个接口实现类的对象，非常适合多个相同的线程来使用同一资源的情况。多线程可以增加程序的健壮性，实现解耦操作，代码可以被多个线程共享，代码和线程独立。

小贴士

通过实现 Runnable 接口，相应的类便具备了多线程特性。所有需要在分线程中执行的代码都应当被置于 run( ) 方法之内。

在启动多线程时，需要利用 Thread 类的构造方法 Thread(Runnable target)来创建一个 Thread 对象,并指定 Runnable 接口的实现类作为参数。随后,通过调用该 Thread 对象的 start( )方法来启动并执行多线程代码。

实际上，无论采用何种方式实现多线程——无论是继承 Thread 类，还是实现 Runnable 接口——最终都是依赖 Thread 对象的 API 来控制线程的。因此，熟悉 Thread 类的 API 是进行多线程编程不可或缺的基础。

需要注意的是，Runnable 对象在这里仅作为 Thread 对象的 target 参数存在，而 Runnable 接口实现类中的 run( )方法则充当了线程的执行体。尽管实际的线程对象是 Thread 的实例，但正是这个 Thread 线程负责执行其 target 参数指定的 run( )方法中的代码。

13.2.3　匿名内部类创建启动线程

我们使用匿名内部类对象，实现对线程的创建和启动。

【例13-3】使用匿名内部类对象创建线程并启动线程，代码如下：

```java
package com.chapter13.create;
public class AnonymousDemoTest {
    public static void main(String[ ] args) {
        AnonymousDemoTest anonymousDemoTest=new AnonymousDemoTest( );
        anonymousDemoTest.testThread( );
        anonymousDemoTest.testRunn( );
    }
    /**
     * 使用匿名内部创建线程类，调用start( )方法，启动线程
     */
    public void testThread( ){
        new Thread( ){
            public void run( ){
                for (int i = 0; i < 10; i++) {
                    System.out.println(getName( )+"：正在执行！"+i);
                }
            }
        }.start( );
    }

    /**
     * 使用匿名内部创建线程类，调用start( )方法，启动线程
     */
    public void testRunn( ){
        new Thread(new Runnable( ){
            @Override
            public void run( ) {
                for (int i = 0; i < 10; i++) {
                    System.out.println(Thread.currentThread( ).getName( )+"：" + i);
                }
            }
        }).start( );
    }
}
```

在上述代码中，在 testThread( )方法中，我们直接运用了 Thread 类来实例化一个线程对象，通过重写其 run( )方法来定义线程的执行任务，随后调用 start( )方法来启动线程的执行。而在 testRunn( )方法中，创建线程的方式依赖实现 Runnable 接口的类，我们同样需要重写 run( )方法来指定线程的任务内容，但启动线程的方式稍有不同。这里是通过 Thread 类的构造器传入实现 Runnable 接口的实例，并调用其 start( )方法来启动线程。

13.2.4 继承 Thread 类与实现 Runnable 接口的区别

1. 继承 Thread 类

线程代码存放在 Thread 子类的 run( )方法中，直接定义的就是线程类，直接启动线程。

2. 实现 Runnable 接口

线程代码存放在接口子类的 run( )方法中，定义的是线程任务类，需要通过 Thread 类创建线程类，再去启动线程。

13.3 线程的生命周期

Java 语言使用 Thread 类及其子类的对象来表示线程，在它的一个完整生命周期中通常要经历以下五种状态。

（1）新建。
（2）就绪。
（3）运行。
（4）阻塞。
（5）死亡。

CPU 需要在多条线程之间切换，于是线程状态会多次在运行、阻塞、就绪之间切换，如图 13-2 所示。

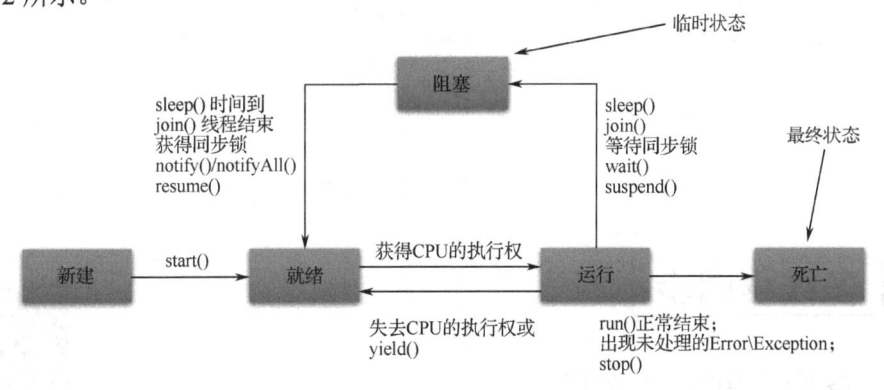

图 13-2　线程生命周期 1

表 13-1 对线程状态进行了详细阐述。

表 13-1　线程状态

线程状态名称	线程状态说明
新建（NEW）	线程刚被创建，但并未启动，还没有调用 start( )方法
可运行（RUNNABLE）	这里并未对就绪状态与运行状态进行明确区分。原因在于，针对 Java 对象来说，它们仅能被标记为可运行状态，至于何时真正执行，并非由 JVM 直接控制，而是由操作系统负责调度的。此过程极为短暂，故而在 Java 对象的状态划分上，难以对这两种状态做出明确界定

续表

线程状态名称	线程状态说明
死亡（TERMINATED）	表明此线程已经结束生命周期，终止运行
阻塞（BLOCKED）	在 API 的说明中，这种状态被定义为：线程正处于阻塞阶段，等待获取一个同步锁（锁对象）。只有成功获取锁对象，它才会获得执行的机会
计时等待（TIMED_WAITING）	一个正在限时等待另一个线程执行一个（唤醒）动作的线程处于这一状态
无线等待（WAITING）	一个正在无限期等待另一个线程执行一个特别的（唤醒）动作的线程处于这一状态

小贴士

当从 WAITING 或 TIMED_WAITING 状态恢复到 RUNNABLE 状态时，如果发现当前线程没有得到同步锁，线程就会立刻转入 BLOCKED 状态，如图 13-3 所示。

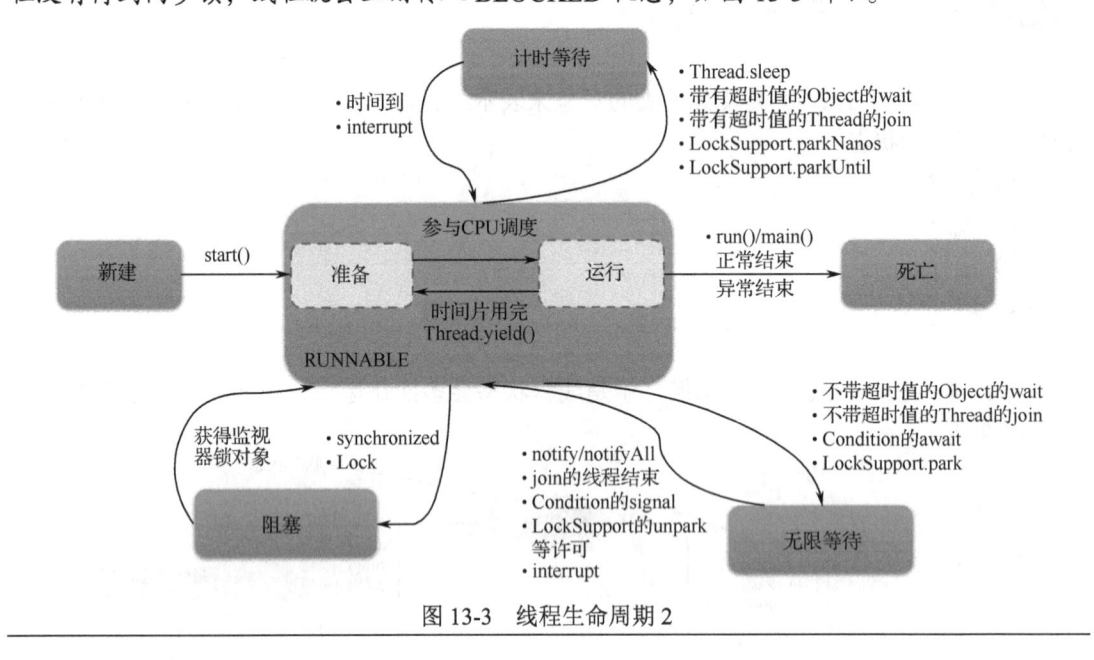

图 13-3　线程生命周期 2

13.4　多线程同步

13.4.1　资源线程的安全问题

资源线程的安全问题

线程安全问题主要是指多个线程同时访问和操作同一共享资源时，可能导致数据的不一致性、程序的不可预测性，以及错误的结果。

【例 13-4】 火车站票务系统模拟：多窗口并行售票流程。

为了模拟火车站的票务销售过程，我们将构建一个场景，其中本次列车的座位总数为 5 个（火车票的最大销售数量为 5 张）。在此框架下，我们将模拟车站的售票窗口功能，特别是多个售票窗口同时运行的情况，以确保票务分配高效且准确。

重要提示：在模拟过程中，需要严格遵循票务的唯一性和准确性原则，以避免任何形式的错票或重票现象发生，代码如下：

```
package com.chapter13.safe;
public class WindowDemo extends Thread{
private int ticket = 5;
    @Override
    public void run( ) {
        while (ticket > 0) {
            System.out.println(getName( ) + "卖出一张票，票号:" + ticket);
            ticket--;
        }
    }
}
package com.chapter13.safe;
public class SafeTicketDemo {
    public static void main(String[ ] args) {
        WindowDemo w1 = new WindowDemo( );
        WindowDemo w2 = new WindowDemo( );
        WindowDemo w3 = new WindowDemo( );
        //给线程定义名称
        w1.setName("窗口 1");
        w2.setName("窗口 2");
        w3.setName("窗口 3");
        //启动线程
        w1.start( );
        w2.start( );
        w3.start( );
    }
}
```

程序运行结果，如图 13-4 所示。

```
D:\JavaSoftwareInstallation\jdk1.8\bin\java.exe ...
窗口2卖出一张票，票号:5
窗口2卖出一张票，票号:4
窗口2卖出一张票，票号:3
窗口2卖出一张票，票号:2
窗口2卖出一张票，票号:1
窗口3卖出一张票，票号:5
窗口3卖出一张票，票号:4
窗口3卖出一张票，票号:3
窗口3卖出一张票，票号:2
窗口3卖出一张票，票号:1
窗口1卖出一张票，票号:5
窗口1卖出一张票，票号:4
窗口1卖出一张票，票号:3
窗口1卖出一张票，票号:2
窗口1卖出一张票，票号:1
```

图 13-4　程序运行结果

在上述代码中，局部变量不可共享，若发现售出 15 张票的情况，则需要明确局部变量在每次方法调用时均保持独立状态。因此，每个线程的 run( )方法中的 ticket 变量也各自独立，不存在数据共享问题。同样，不同实例对象的实例变量各自独立，不相互共享数据。

> **小贴士**
> 使用静态变量，实现数据共享。

【例 13-5】在例 13-4 的基础上进行数据共享，代码如下：

```java
package com.chapter13.safe;
public class WindowDemo02 extends Thread{
    private static int ticket = 5;
    public void run( ) {
        while (ticket > 0) {
            try {
                Thread.sleep(10);//加入这个命令，使问题暴露得更明显
            } catch (InterruptedException e) {
                e.printStackTrace( );
            }
            System.out.println(getName( ) + "卖出一张票，票号:" + ticket);
            ticket--;
        }
    }
}
package com.chapter13.safe;
public class SafeTicketDemo02 {
    public static void main(String[ ] args) {
        WindowDemo02 w1 = new WindowDemo02( );
        WindowDemo02 w2 = new WindowDemo02( );
        WindowDemo02 w3 = new WindowDemo02( );
        //给线程定义名称
        w1.setName("窗口 1");
        w2.setName("窗口 2");
        w3.setName("窗口 3");
        //启动线程
        w1.start( );
        w2.start( );
        w3.start( );
    }
}
```

程序运行结果，如图 13-5 所示。

```
Run    SafeTicketDemo02  ×

  D:\JavaSoftwareInstallation\jdk1.8\bin\java.exe ...
  窗口1卖出一张票，票号:5
  窗口2卖出一张票，票号:5
  窗口3卖出一张票，票号:5
  窗口3卖出一张票，票号:2
  窗口1卖出一张票，票号:2
  窗口2卖出一张票，票号:2
  窗口3卖出一张票，票号:-1
```

图 13-5　程序运行结果

在上述代码中，我们发现已经售出近 5 张票，采用静态变量方式实现数据共享。然而，这一方法导致重复票或负数票问题，暴露了线程安全隐患。

小贴士
使用同一个对象的实例变量共享。

【例 13-6】在例 13-5 的基础上，实现对同一对象实例变量的共享使用，代码如下：

```java
package com.chapter13.safe;
public class WindowDemo03 implements Runnable {
    private  int ticket = 5;
    public void run( ) {
        while (ticket > 0) {
            try {
                Thread.sleep(10);//加入这个命令，使问题暴露得更明显
            } catch (InterruptedException e) {
                e.printStackTrace( );
            }
            System.out.println(Thread.currentThread( ).getName( ) + "卖出一张票，票号:" + ticket);
            ticket--;
        }
    }
}
package com.chapter13.safe;
public class SafeTicketDemo03 {
    public static void main(String[ ] args) {
        //创建线程任务对象
        WindowDemo03 tr = new WindowDemo03( );
        //定义线程对象
        Thread t1 = new Thread(tr, "窗口 1");
        Thread t2 = new Thread(tr, "窗口 2");
        Thread t3 = new Thread(tr, "窗口 3");
        //启动线程
        t1.start( );
        t2.start( );
        t3.start( );
    }
}
```

程序运行结果，如图 13-6 所示。

```
D:\JavaSoftwareInstallation\jdk1.8\bin\java.exe ...
窗口 1 卖出一张票，票号:5
窗口 2 卖出一张票，票号:5
窗口 3 卖出一张票，票号:5
窗口 1 卖出一张票，票号:2
窗口 3 卖出一张票，票号:1
窗口 2 卖出一张票，票号:1
窗口 1 卖出一张票，票号:-1
```

图 13-6　程序运行结果

在上述代码中，我们发现卖出近 5 张票，但有重复票或负数票问题，依然存在线程安全问题，下一节将讲述如何解决线程安全问题。

13.4.2 同步机制

要解决上节提到的多线程并发访问一个资源的安全性问题，也就是解决重复票与不存在票（负数票）的问题，Java 提供了线程同步机制，如图 13-7 所示。

图 13-7　Java 线程同步机制

同步代码块：关键字 synchronized 可以用于某个区块前面，表示只对这个区块的资源实行互斥访问。

语法结构如下：

```
synchronized(同步锁){
    需要同步操作的代码
}
```

同步方法：用关键字 synchronized 直接修饰方法，表示同一时刻只有一个线程能够进入这个方法，其他线程在外面等待。

语法结构如下：

```
public synchronized void method( ){
    可能产生线程安全问题的代码
}
```

同步锁对象可以是任意类型，但必须保证竞争"同一个共享资源"的多个线程必须使用同一个"同步锁对象"。

对同步代码块来说，同步锁对象是由程序员手动指定的（很多时候也是指定为 this 或类名.class），但对同步方法来说，同步锁对象只能是默认的静态方法［当前类的 Class 对象（类名.class）］和非静态方法（this）。

1. 同步方法

（1）在静态方法上添加同步锁。

【例 13-7】在基于例 13-6 的情境下，建立数据共享机制，以有效应对并解决线程安全问题，代码如下：

```
package com.chapter13.safe;
public class WindowDemo04 extends Thread {
    private static  int ticket = 5;
    public void run( ){//直接锁这里，肯定不行，会导致只有一个窗口卖票
```

```java
        while (ticket > 0) {
            saleOneTicket( );
        }
    }
    public synchronized static void saleOneTicket( ){
        //锁对象是 TicketSaleThread 类的 Class 对象，而一个类的 Class 对象在内存中肯定只有一个
        if(ticket > 0) {//不加条件，相当于条件判断没有进入锁管控，线程安全问题没有解决
            System.out.println(Thread.currentThread( ).getName( ) + "卖出一张票，票号:" + ticket);
            ticket--;
        }
    }
}
package com.chapter13.safe;
public class SafeTicketDemo04 {
    public static void main(String[ ] args) {
        //创建线程对象
        WindowDemo04 t1 = new WindowDemo04( );
        WindowDemo04 t2 = new WindowDemo04( );
        WindowDemo04 t3 = new WindowDemo04( );
        //设置线程名称
        t1.setName("窗口 1");
        t2.setName("窗口 2");
        t3.setName("窗口 3");
        //启动线程
        t1.start( );
        t2.start( );
        t3.start( );
    }
}
```

程序运行结果，如图 13-8 所示。

```
D:\JavaSoftwareInstallation\jdk1.8\bin\java.exe ...
窗口1卖出一张票，票号:5
窗口2卖出一张票，票号:4
窗口2卖出一张票，票号:3
窗口2卖出一张票，票号:2
窗口2卖出一张票，票号:1
```

图 13-8 程序运行结果

在上述代码中，建立了数据共享机制，通过将 synchronized 同步锁用于静态方法之上，巧妙地解决了线程安全问题，确保了数据的一致性和完整性。

（2）在非静态方法上添加同步锁。

【例 13-8】在基于例 13-6 的情境下，建立数据共享机制，以有效应对并解决线程安全问题，代码如下：

```java
package com.chapter13.safe;
public class WindowDemo05 implements Runnable {
```

```
        private static    int ticket = 5;
        public void run( ) {//直接锁这里，肯定不行，会导致只有一个窗口卖票
            while (ticket > 0) {
                saleOneTicket( );
            }
        }
        public synchronized void saleOneTicket( ) {
            //锁对象是 this，这里就是 TicketSaleRunnable 对象，因为上面三个线程使用同一个
            //TicketSaleRunnable 对象，所以可以
            if (ticket > 0) {//不加条件，相当于条件判断没有进入锁管控，线程安全问题就没有解决
                System.out.println(Thread.currentThread( ).getName( ) + "卖出一张票，票号:" + ticket);
                ticket--;
            }
        }
}
package com.chapter13.safe;
public class SafeTicketDemo05 {
    public static void main(String[ ] args) {
        //创建线程任务对象
        WindowDemo05 tr = new WindowDemo05( );
        //创建线程类
        Thread t1 = new Thread(tr, "窗口 1");
        Thread t2 = new Thread(tr, "窗口 2");
        Thread t3 = new Thread(tr, "窗口 3");
        //启动线程
        t1.start( );
        t2.start( );
        t3.start( );
    }
}
```

在上述代码中，建立了数据共享机制，通过将 synchronized 同步锁用于非静态方法之上，巧妙地解决了线程安全问题，确保了数据的一致性和完整性。

2．同步代码块

将 synchronized 同步锁应用在代码块上，解决了线程安全问题，确保了数据的一致性和完整性。

【例 13-9】在基于例 13-6 的情境下，实现数据共享机制，以有效应对并解决线程安全问题，代码如下：

```
package com.chapter13.safe;
public class WindowDemo06 {
    private static    int ticket = 5;
    public void sale( ) {//也可以直接给这个方法加锁，锁对象是 this，这里就是 Ticket 对象
        if (ticket > 0) {
            System.out.println(Thread.currentThread( ).getName( ) + "卖出一张票，票号:" + ticket);
            ticket--;
```

```java
        } else {
            throw new RuntimeException("没有票了");
        }
    }
    public int getTicket() {
        return ticket;
    }
}
package com.chapter13.safe;
public class SafeTicketDemo06 {
    public static void main(String[] args) {
        //创建资源对象
        WindowDemo06 ticket = new WindowDemo06();

        //启动多个线程操作资源类的对象
        Thread t1 = new Thread("窗口 1") {
            public void run() {//不能给 run()直接加锁,因为 t1,t2,t3 的三个 run 方法分别属于三个
            //Thread 类对象
                //run 方法是非静态方法,那么锁对象默认选 this,那么锁对象根本不是同一个
                while (true) {
                    synchronized (ticket) {
                        ticket.sale();
                    }
                }
            }
        };
        Thread t2 = new Thread("窗口 2") {
            public void run() {
                while (true) {
                    synchronized (ticket) {
                        ticket.sale();
                    }
                }
            }
        };
        Thread t3 = new Thread(new Runnable() {
            public void run() {
                while (true) {
                    synchronized (ticket) {
                        ticket.sale();
                    }
                }
            }
        }, "窗口 3");
        t1.start();
        t2.start();
        t3.start();
    }
}
```

在上述代码中，建立了数据共享机制，通过将 synchronized 同步锁用于代码块之上，巧妙地解决了线程安全问题，确保了数据的一致性和完整性。

小贴士

当窗口 1 的线程开始进行操作时，窗口 2 和窗口 3 的线程需要在外部等待。直到窗口 1 的操作完成，窗口 1、窗口 2 与窗口 3 的线程才有机会进入代码执行阶段。换言之，在某个线程对共享资源进行修改时，其他线程必须等待该修改完成并实现同步后，方可去竞争 CPU 资源，完成各自的操作。这样的机制确保了数据的同步性，从而解决了线程不安全的问题。

为确保每个线程都能正确执行原子操作，Java 引入了线程同步机制。特别值得注意的是，无论任何时候，都只能有一个线程持有同步锁。获得同步锁的线程将进入代码块执行阶段，而其他线程处于阻塞状态，等待同步锁的释放。

3. 同步锁（Lock）

java.util.concurrent.locks.Lock 机制提供了比 synchronized 代码块和 synchronized 方法更广泛的锁定操作，同步代码块/同步方法具有的功能同步锁都有，同步锁的功能更强大，更体现面向对象。

同步锁使加锁和释放锁方法化。

（1）public void lock( )；加同步锁。

（2）public void unlock( )；释放同步锁。

【例 13-10】 在基于例 13-6 的情境下，建立数据共享机制，以有效应对并解决线程安全问题，代码如下：

```java
package com.chapter13.safe;
import java.util.concurrent.locks.Lock;
import java.util.concurrent.locks.ReentrantLock;
public class TicketDemo implements Runnable{
    static int ticket=6;//定义一个变量一共卖 10 张票
    //创建 lock 对象
    static Lock l=new ReentrantLock( );

    @Override
    public   void run( ) {
        while(true){
            method( );
        }
    }

    public static void method( ) {
        l.lock( );
        if (ticket > 0) {
            try {
                //Thread 线程对象，调用 sleep 对象，只要睡觉，就会失去 CPU 的执行权，睡醒之
                //后继续获得 CPU 的执行权，参数是毫秒值
                Thread.sleep(1000);
```

```java
            } catch (InterruptedException e) {
                //TODO Auto-generated catch block
                e.printStackTrace( );
            }
            System.out.println(Thread.currentThread( ).getName( ) + "正在买" + ticket--);
        }
        l.unlock( );
    }
}
package com.chapter13.safe;

public class TicketDemoTest {
    public static void main(String[ ] args) {
        //创建线程任务：
        TicketDemo ticketDemo = new TicketDemo( );
        //创建三个窗口
        Thread thread1 = new Thread(ticketDemo);
        Thread thread2 = new Thread(ticketDemo);
        Thread thread3 = new Thread(ticketDemo);
        //同时卖票
        thread1.start( );
        thread2.start( );
        thread3.start( );
    }
}
```

在上述代码中，建立了数据共享机制，通过将同步锁用于代码块之上，巧妙地解决了线程安全问题，确保了数据的一致性和完整性。

13.5 线程间的通信

13.5.1 为什么要进行线程通信

当面临需要多个线程协同完成一项任务，并期望它们按既定规律执行时，线程间的有效通信机制变得至关重要。这种机制旨在协调各线程的工作流程，确保它们能够共同操作同一个数据资源。

以具体场景为例：设想线程 A 负责生产包子（这里"包子"可视为共享资源的一种象征），而线程 B 负责消费这些包子。在此场景下，线程 A 与线程 B 分别执行生产和消费的动作，它们之间形成了一个典型的生产者与消费者的关系。为了保持这种关系的和谐与工作效率，B 线程必须等待 A 线程完成包子生产后才能开始消费。这就引出了线程间通信的必要性，特别是"等待唤醒机制"的应用，确保了线程间的有序协作与资源的高效利用。

13.5.2 等待唤醒机制

等待状态是指线程进入非活动状态，不再参与 CPU 调度，被加入等待集合（wait set）中。在此状态下，线程既不会消耗 CPU 资源，也不会参与锁的竞争，其状态标记为 WAITING 或 TIMED_WAITING。线程只有等待其他线程执行特定的操作——"通知"（notify）或等待设定的时间到期，才会从等待集合中被释放，并重新进入调度队列中，准备执行。

"notify"操作是针对某一对象的等待集合中的一个线程进行释放，允许其继续执行。"notifyAll"操作是针对同一对象的等待集合中的所有线程进行释放，使它们都能继续执行。

被唤醒的线程即便被通知，也可能无法立即恢复执行，原因在于其原本中断之处位于同步块内，且当前已经不再持有所需的锁。因此，它必须重新尝试获取锁（这很可能涉及与其他线程的竞争），只有成功，才能在调用 wait( )方法后的断点处继续执行。

> **小贴士**
> 如果能够成功获取锁，线程将从 WAITING 状态转变为 RUNNABLE（可运行）状态，否则线程将保持 WAITING 状态并转变为 BLOCKED（等待锁）状态。

1. wait( )方法和 notify( )方法的使用

【例 13-11】使用两个线程交替打印数字 1 至 100，线程 1 与线程 2 轮流输出序列中的每个数字，代码如下：

```java
package com.chapter13.communication;
public class CommunicationDemo implements Runnable{
    int i = 1;
    public void run( ) {
        while (true) {
            synchronized (this) {
                notify( );
                if (i <= 6) {
                    System.out.println(Thread.currentThread( ).getName( ) + ":" + i++);
                } else
                    break;
                try {
                    wait( );
                } catch (InterruptedException e) {
                    e.printStackTrace( );
                }
            }
        }
    }
}
package com.chapter13.communication;
import com.sun.org.apache.bcel.internal.generic.DCMPG;
public class CommunicationDemoTest {
    public static void main(String[ ] args) {
```

```
            CommunicationDemo communicationDemo=new CommunicationDemo( );
            Thread thread=new Thread(communicationDemo);
            Thread thread1=new Thread(communicationDemo);
            thread.setName("线程 1");
            thread1.setName("线程 2");
            thread.start( );
            thread1.start( );
        }
    }
```

程序运行结果，如图 13-9 所示。

```
D:\JavaSoftwareInstallation\jdk1.8\bin\java.exe ...
线程1:1
线程2:2
线程1:3
线程2:4
线程1:5
线程2:6
```

图 13-9　程序运行结果

在上述代码中，使用 wait( )方法建立线程间的等待机制，确保线程有序执行。首先，线程 1 执行打印操作，随后线程 2 进入等待状态；其次，线程 1 暂停，线程 2 被 notify( )方法唤醒并执行打印操作；最后，线程 2 暂停，等待线程 1 的后续操作或再次被唤醒。这种机制有效地控制了线程的执行顺序。

> **小贴士**
>
> 1. wait( )方法和 notify( )方法必须由同一个锁对象来调用。对应的锁对象能够通过 notify( )操作唤醒那些因调用该锁对象的 wait( )方法而进入等待状态的线程。
>
> 2. wait( )方法和 notify( )方法是 Object 类的成员方法。在 Java 编程语言中，锁对象可以是任意对象，而所有 Java 对象都直接或间接继承 Object 类，因此都可以使用这两个方法。
>
> 3. wait( )方法和 notify( )方法必须在同步代码块或同步方法中调用。这是因为这两个方法的调用必须依赖锁对象，如果不在同步代码块或同步方法中，没有明确的锁对象来调用它们，这时就会抛出 java.lang.IllegalMonitorStateException 异常。

2. 生产者与消费者

生产者与消费者问题实质上蕴含了两大核心议题，即线程安全与线程协作。

（1）线程安全。

生产者与消费者共享数据缓存区，这自然引发了对安全性的考量。不过，这一问题可以通过实施同步机制来有效化解。

（2）线程协作。

① 为解决线程协作难题，关键在于确保生产者线程在缓存区满载时能够自动进入等待状态，即进入阻塞模式，直至消费者线程消耗了缓存区中的数据并发出通知，使等待线程恢复就绪状态，继续向缓存区添加数据。

② 消费者线程在缓存区为空时也应该进入等待状态，暂停执行，直至生产者向缓存区添加新数据并发出通知。随后，消费者线程恢复并继续处理数据。这种精巧的通信机制正是

解决此类协作问题的关键所在。

【例 13-12】生产者（Producer）将产品（包子）交付给店员（Clerk），消费者（Consumer）从店员处领取所需产品。店员一次仅能管理固定数量的产品（如 5 件）。若生产者要生产超出此数量的产品，店员就会指示其暂停生产，待店内空间充足时再通知恢复生产。相反，若店内产品售罄，店员会告知消费者稍作等待，一旦有新产品入库便立即通知其前来领取。代码如下：

```java
package com.chapter13.communication;
public class Clerk {
    String pi;
    String xian;
    boolean flag=false;
}

package com.chapter13.communication;
public class Producer implements Runnable {
    private Clerk bz;

    public Producer(Clerk bz) {
        this.bz = bz;
    }

    @Override
    public void run( ) {
        while(true){
            synchronized (bz){
                //对包子铺进行判断
                if(bz.flag==true){
                    //调用 wait( )方法，进行等待
                    try {
                        bz.wait( );
                    } catch (InterruptedException e) {
                        e.printStackTrace( );
                    }
                }
                /*包子铺线程开始生产包子*/
                bz.pi="薄皮";
                bz.xian="大馅";
                //生产的是 xx 皮 xx 馅
                System.out.println("包子铺正在生产包子，生产的是："+bz.pi+bz.xian+"请稍微等待几秒");
                //生产包子花费了 3 秒
                try {
                    Thread.sleep(3000);
                } catch (InterruptedException e) {
                    e.printStackTrace( );
                }
```

```
                //生产包子完毕之后，修改包子的状态为 true,
                bz.flag=true;

                bz.notify( );
                System.out.println("包子铺已经生产好了美味的"+bz.pi+bz.xian+"的包子");
            }
        }
    }
}
package com.chapter13.communication;

public class Consumer implements Runnable{
    private Clerk bz;

    public Consumer(Clerk bz) {
        this.bz = bz;
    }
    @Override
    public void run( ) {
        while(true){
            synchronized (bz){
                //判断是否有包子
                if(bz.flag==false){
                    try {
                        bz.wait( );
                    } catch (InterruptedException e) {
                        e.printStackTrace( );
                    }
                }
                //吃货线程开始吃包子
                System.out.println("吃货正在吃包子，吃的是"+bz.pi+bz.xian+"包子");
                //吃完包子后修改包子的状态
                bz.flag=false;

                //吃货线程唤醒包子铺线程，做包子
                bz.notify( );//唤醒包子铺上等待的包子铺线程
                System.out.println("吃货已经吃完了包子，包子铺赶紧生产包子吧");
                System.out.println("==========================");
            }
        }
    }
}
package com.chapter13.communication;

public class ConsumerProducerTest {
    public static void main(String[ ] args) {
        Clerk bz=new Clerk( );
        Producer baoziPu=new Producer(bz);
```

```java
        Consumer ch=new Consumer(bz);

        new Thread(baoziPu).start( );

        new Thread(ch).start( );
    }
}
```

在上述代码中，Clerk 类代表店员，通过维护一个存储产品的队列和信号量来控制生产者和消费者的操作。Producer 类代表生产者，不断生产产品并交给店员。Consumer 类代表消费者，从店员处领取产品。通过对信号量的控制，确保了店员的库存容量不超过固定数量，在库存为空时消费者会等待，在库存为满时生产者会等待。

3．同步锁的操作

（1）释放同步锁的操作。

① 任何线程尝试进入一个同步代码块或同步方法之前，必须首先获得相应的同步锁的锁定。当前线程完成同步方法或同步代码块的执行。

② 当前线程在同步代码块或同步方法中遇到 break 或 return 语句，导致代码块或方法的执行被终止。

③ 当前线程在同步代码块或同步方法中遇到未处理的 Error 或 Exception，导致线程异常终止。

④ 当前线程在同步代码块或同步方法中调用同步锁对象的 wait( )方法，将导致当前线程被挂起，并同时释放同步锁。

（2）不会释放同步锁的操作。

① 线程执行同步代码块或同步方法时，程序调用 Thread.sleep( )、Thread.yield( )方法暂停当前线程的执行。

② 线程执行同步代码块时，其他线程调用该线程的 suspend( )方法将该线程挂起，该线程不会释放同步锁。

③ 应该尽量避免使用 suspend( )和 resume( )这样的过时命令来控制线程。

13.6 线程池

13.6.1 为什么使用线程池

当系统中存在大量并发线程，且每个线程仅执行短暂任务时，频繁创建和销毁线程会显著降低系统效率。这是因为线程的创建和销毁过程本身消耗时间。是否存在一种机制，能够使线程被重复利用呢？也就是说，线程在完成一个任务后，不立即销毁，而是继续执行其他任务。解决方案是预先创建一组线程，并将它们存储在所谓的线程池中。当需要执行任务时，可以直接从线程池中获取线程，任务完成后，线程被归还到线程池中，从而避免了频繁创建和销毁过程，实现了对线程的复用。这与生活中的公共交通工具模式类似。线程池，如图 13-10 所示。

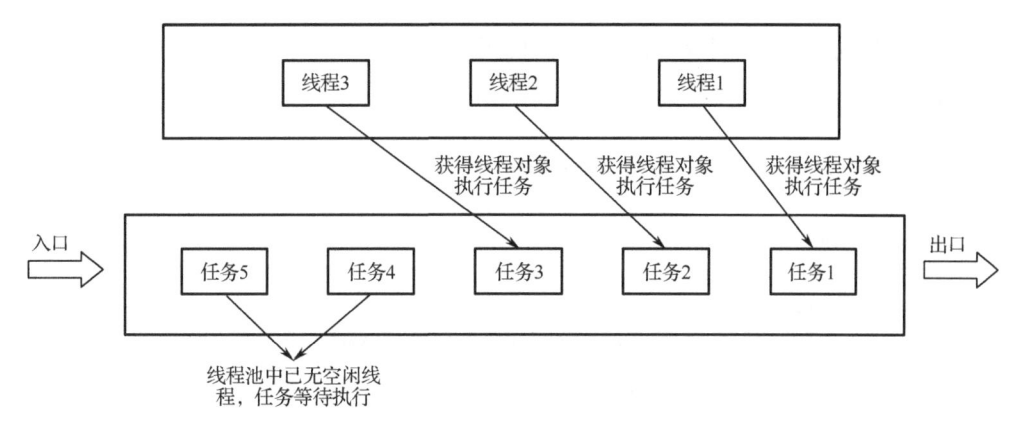

图 13-10　线程池

13.6.2　线程池的优点

线程池具有以下优点。
（1）提高响应速度（减少创建新线程的时间）。
（2）降低资源消耗（重复利用线程池中的线程，不需要每次都创建线程）。
（3）便于线程管理。

13.6.3　线程池相关 API

在 JDK 5.0 之前，我们必须手动自定义线程池。从 JDK 5.0 开始，Java 内置了与线程池相关的 API。java.util.concurrent 包中提供与线程池相关的 API——ExecutorService 和 Executors。

1. ExecutorService

ExecutorService 是真正的线程池接口，常见子类为 ThreadPoolExecutor。
（1）void execute(Runnable command)：执行任务/命令，没有返回值，一般用来执行 Runnable。
（2）<T> Future<T> submit(Callable<T> task)：执行任务，有返回值，一般用来执行 Callable。
（3）void shutdown( )：关闭连接池。

2. Executors

Executors 是一个线程池的工厂类，通过此类的静态工厂方法可以创建多种类型的线程池对象。
（1）Executors.newCachedThreadPool( )：创建一个可以根据需要创建新线程的线程池。
（2）Executors.newFixedThreadPool(int nThreads)：创建一个可以重用固定线程数的线程池。
（3）Executors.newSingleThreadExecutor( )：创建一个只有一个线程的线程池。
（4）Executors.newScheduledThreadPool(int corePoolSize)：创建一个线程池，它可以在给定的延迟时间后运行命令或定期运行命令。

【例 13-13】 创建线程池并利用线程池,代码如下:

```java
package com.chapter13.pool;

public class NumberThread implements Runnable{
    @Override
    public void run( ) {
        for(int i = 0;i <= 100;i++){
            if(i % 2 == 0){
                System.out.println(Thread.currentThread( ).getName( ) + ": " + i);
            }
        }
    }
}
```

```java
package com.chapter13.pool;

public class NumberThread02 implements Runnable{
    @Override
    public void run( ) {
        for(int i = 0;i <= 100;i++){
            if(i % 2 != 0){
                System.out.println(Thread.currentThread( ).getName( ) + ": " + i);
            }
        }
    }
}
```

```java
package com.chapter13.pool;
import java.util.concurrent.Callable;
public class NumberThread03 implements Callable {
    @Override
    public Object call( ) throws Exception {
        int evenSum = 0;//记录偶数的和
        for(int i = 0;i <= 100;i++){
            if(i % 2 == 0){
                evenSum += i;
            }
        }
        return evenSum;
    }
}
```

```java
package com.chapter13.pool;

import java.util.concurrent.ExecutorService;
import java.util.concurrent.Executors;
import java.util.concurrent.Future;
import java.util.concurrent.ThreadPoolExecutor;

public class ThreadPoolTest {
    public static void main(String[ ] args) {
```

```java
        //1. 提供指定线程数量的线程池
        ExecutorService service = Executors.newFixedThreadPool(10);
        ThreadPoolExecutor service1 = (ThreadPoolExecutor) service;
        //设置线程池的属性
        System.out.println(service.getClass( ));//ThreadPoolExecutor
        service1.setMaximumPoolSize(50); //设置线程池中线程数的上限
        //2.执行指定线程的操作。需要提供实现 Runnable 接口或 Callable 接口实现类的对象
        service.execute(new NumberThread( ));//适用于 Runnable
        service.execute(new NumberThread02( ));//适用于 Runnable
        try {
            Future future = service.submit(new NumberThread03( ));//适用于 Callable
            System.out.println("总和为："  + future.get( ));
        } catch (Exception e) {
            e.printStackTrace( );
        }
        //3.关闭连接池
        service.shutdown( );
    }
}
```

在上述代码中，我们构建了一个线程池，并在 NumberThread03 类中通过实现 Callable 接口采用了 JDK 5.0 引入的一种新型线程创建方式。submit( )方法适用于通过 Callable 接口创建的线程。

本章小结

Java 多线程编程是一个强大而复杂的特性，它允许开发者充分利用多核中央处理器的优势，提高程序的执行效率和响应速度。然而，多线程编程也带来线程安全和并发控制等问题。因此，在开发多线程程序时，需要深入理解线程的基本概念、创建方式、状态转换以及同步与通信机制，才能编写出高效、稳定的多线程程序。

关键术语

运行（run）、启动（start）、线程（thread）、线程池（thread pool）

习题

选择题

以下哪些方法是 Object 类中用于线程间通信的方法？（　　）
A．wait( ) 　　　　　B．notify( ) 　　　　　C．notifyAll( ) 　　　　　D．sleep( )

实际操作训练

假设有一个银行柜台,有多个顾客(线程)需要办理业务,银行柜台只有一个柜员(线程)为顾客服务。每个顾客办理业务的时间是随机的,在 1 秒到 5 秒之间。柜员只有为一个顾客服务完后,才能为下一个顾客服务。请使用 Java 多线程实现这个场景。

习题答案

第 1 章

【习题】

1. 选择题：D
2. 问答题：

JDK（Java Development Kit）

定义：JDK 是 Java 开发工具包，它是 Java 程序员用于开发 Java 程序的一套工具集合。JDK 提供了编译、调试和运行 Java 程序的环境和工具。

组成部分：

编译器（javac）：它可以将 Java 源文件（.java）编译成字节码文件（.class）。例如，对一个简单的 HelloWorld.java 文件，通过 javac HelloWorld.java 命令可以将其编译成 HelloWorld.class 字节码文件。

调试工具（jdb）：帮助开发者调试 Java 程序，如设置断点、查看变量的值等，方便定位程序中的错误。

Java 运行环境（JRE）：JDK 包含 JRE，因为在开发过程中也需要运行 Java 程序来测试。

Java 文档生成工具（JavaDoc）：用于从 Java 源文件中的注释生成 API 文档。开发者可以按照一定的规范在代码中添加注释，然后使用 JavaDoc 生成详细的文档，这些文档对其他开发人员理解代码的功能和接口非常有用。

用途：主要用于开发 Java 程序、小程序、Web 应用、企业级应用等各种 Java 软件。无论是开发简单的命令行工具，还是开发复杂的分布式系统，都需要 JDK 来进行代码的编写和编译。

JRE（Java Runtime Environment）

定义：JRE 是 Java 运行环境，它是运行 Java 程序必需的环境。当用户只是想运行已经编译好的 Java 程序时，只需安装 JRE 就可以。

组成部分：

Java 虚拟机（JVM）：JRE 的核心部分，负责执行字节码文件。JVM 是 Java 程序能够跨平台运行的关键，它可以将字节码解释或编译成机器码，在不同的操作系统上运行。

Java 核心类库：这些类库提供了各种 Java 程序运行所需的类和接口，如 java.lang 包（包含 Object、String 等基础类）、java.util 包（包含各种实用工具类，如 ArrayList、HashMap 等）。Java 程序在运行过程中会频繁调用这些类库中的方法来实现各种功能。

用途：用于运行 Java 程序，包括桌面应用程序、Web 应用中的 Java 小程序等。例如，当用户运行一个打包好的 Java 游戏或一个基于 Java 的企业资源规划（ERP）系统的客户端部分时，就需要 JRE 来提供运行环境。

JVM（Java Virtual Machine）

定义：JVM 是 Java 虚拟机，它是 Java 程序的运行核心。JVM 可以理解为一个虚拟的计算机，它有自己的指令集和内存管理系统。

工作原理：

字节码解释执行或即时编译（JIT）：JVM 可以将字节码文件（.class）通过解释器逐行解释执行，这种方式比较灵活，但执行效率可能较低。另外，JVM 也可以使用即时编译技术，将经常执行的字节码部分编译成机器码，提高执行效率。

内存管理：JVM 负责管理 Java 程序运行过程中的内存，包括堆（Heap）内存（用于存储对象实例）、栈（Stack）内存（用于存储方法调用的局部变量和执行环境）、方法区（Method Area，用于存储类的结构信息等）。JVM 通过垃圾回收（Garbage Collection）机制自动回收不再使用的对象占用的堆内存，以避免内存泄漏。

用途：使 Java 程序能够在不同的操作系统（如 Windows、Linux、Mac 等）上运行，实现"一次编写，到处运行"的特性，因为不同操作系统上的 JVM 会将字节码转换成相应操作系统能够理解的机器码来运行。

JDK 是开发工具包，用于开发 Java 程序；JRE 是运行环境，用于运行 Java 程序；JVM 是 Java 程序运行的基础，负责执行字节码文件和进行内存管理等；JRE 包含 JVM，JDK 包含 JRE。

3．判断题：×

第 2 章

【习题】

1．选择题：D

2．问答题：基本数据类型分为 8 种，具体如下：

整数类型：byte、short、int、long。

浮点类型：float、double。

字符类型：char。

布尔类型：boolean。

3．判断题：×

【实际操作训练】

```
public class Test{
    public static void main(String[ ] args){
        //姓名
        String name="张三";
        //职位
        String post="Java 工程师";
        //性别
        String sex="女";
        //年龄
        int age=30;
```

```
            //电话
            String tel="18033573809";
            //地址
            String address="北京市昌平区";
            //可以在这里根据需要输出展示信息，例如简单打印看看信息是否设置正确
            System.out.println("Name: " +name);
            System.out.println("Post: " + post);
            System.out.println("Sex: " + sex);
            System.out.println("Age: " + age);
            System.out.println("Tel: " +tel);
            System.out.println("Address: " + address);

        }
    }
```

第 3 章

【习题】

1．选择题：C

2．问答题：&&（逻辑与）

含义：表示并且的关系。当使用&&连接两个布尔表达式时，只有当两个表达式的值都为 true 时，整个逻辑表达式的结果才为 true；如果其中一个表达式的值为 false，那么整个结果就是 false。

||（逻辑或）

含义：表示或者的关系。当使用||连接两个布尔表达式时，只要两个表达式中有一个的值为 true，整个逻辑表达式的结果就为 true；只有当两个表达式的值都为 false 时，结果才为 false。

！（逻辑非）

含义：用于对一个布尔表达式取反。如果原表达式的值为 true，那么!后的结果为 false；如果原表达式的值为 false，那么!后的结果为 true。

3．判断题：√

【实际操作训练】

```
public class RectangleDemoTest {
    public static void main(String[ ] args) {
        float length = 6.9f;   //矩形的长，注意这里要加 f 表示 float 类型常量
        int width = 10;        //矩形的宽

        //计算矩形的周长，根据公式周长 = 2 * (长 + 宽)
        float perimeter = 2 * (length + width);
        //计算矩形的面积，根据公式面积 = 长 * 宽
        int area = (int) (length * width);   //将结果强制转换为 int 类型，舍去小数部分

        System.out.println("矩形的周长是：" + perimeter + "m");
```

```
            System.out.println("矩形的面积是：" + area + "m²");
        }
    }
```

第 4 章

【习题】

选择题：（1）D   （2）B

【实际操作训练】

```java
public class GradeDemo {
    public static void main(String[] args) {
        int score = 86;
        if (score >= 90) {
            System.out.println("等级为非常优秀");
        } else if (score >= 80) {
            System.out.println("等级为优秀");
        } else if (score >= 70) {
            System.out.println("等级为良好");
        } else if (score >= 60) {
            System.out.println("等级为及格");
        } else {
            System.out.println("等级为不及格");
        }
    }
}
```

第 5 章

【习题】

选择题：（1）B   （2）C

【实际操作训练】

```java
public class MaxInArray {
    public static void main(String[] args) {
        int[] arr = {1, 2, 3, 4};
        int max = arr[0];
        for (int num : arr) {
            if (num > max) {
                max = num;
            }
        }
        System.out.println("数组中的最大值是：" + max);
    }
}
```

第 6 章

【习题】

1．选择题：D

2．问答题：方法在被调用时开始执行，在执行完毕后或遇到 return 语句时结束。方法的生命周期通常与调用它的程序的执行相关。在程序执行过程中，方法可以被多次调用，每次调用都会创建一个新的方法执行环境。方法执行完毕后，其占用的内存空间会被回收，除非方法内部创建的对象被其他地方引用。

【实际操作训练】

```java
public class MethodDemo10 {
    public static int sumArrayElements(int[ ] arr) {
        int sum = 0;
        for (int num : arr) {
            sum += num;
        }
        return sum;
    }

    public static void main(String[ ] args) {
        int[ ] array = {1, 2, 3, 4, 5};
        int result = sumArrayElements(array);
        System.out.println("数组元素之和为：" + result);
    }
}
```

第 7 章

【习题】

选择题：C

【实际操作训练】

```java
public class Circle {
    private static final double PI = 3.14159;
    private double radius;

    public Circle(double radius) {
        this.radius = radius;
    }

    public static double calculateCircumference(double radius) {
        return 2 * PI * radius;
    }

    public static double calculateArea(double radius) {
```

```java
            return PI * radius * radius;
    }
}
public class Main {
    public static void main(String[] args) {
        double radius = 5.0;
        double circumference = Circle.calculateCircumference(radius);
        double area = Circle.calculateArea(radius);
        System.out.println("半径为 " + radius + " 的圆,周长为: " + circumference);
        System.out.println("半径为 " + radius + " 的圆,面积为: " + area);
    }
}
```

第 8 章

【习题】

选择题:(1)C (2)C (3)B

第 9 章

【习题】

选择题:(1)C (2)C (3)C

第 10 章

【习题】

选择题:B

【实际操作训练】(篇幅:半页到一页半)

```java
import java.text.SimpleDateFormat;
import java.util.Date;
public class DateProgram {
    public static void main(String[] args) {
        //获取当前日期和时间
        Date currentDate = new Date();
        SimpleDateFormat sdf = new SimpleDateFormat("yyyy-MM-dd HH:mm:ss");
        System.out.println("当前日期和时间: " + sdf.format(currentDate));
    }
}
```

第 11 章

【习题】

选择题:D

【实际操作训练】

```java
import java.util.ArrayList;
import java.util.Arrays;
import java.util.List;
import java.util.TreeSet;
public class RemoveDuplicatesAndSort {
    public static void main(String[ ] args) {
        int[ ] arr = {5, 3, 4, 5, 2, 3, 4};
        TreeSet<Integer> set = new TreeSet<>( );
        for (int num : arr) {
            set.add(num);
        }
        List<Integer> list = new ArrayList<>(set);
        for (Integer integer : list) {
            System.out.print(integer + " ");
        }
    }
}
```

第 12 章

【习题】

选择题：A

【实际操作训练】

```java
import java.io.FileInputStream;
import java.io.FileOutputStream;
import java.io.IOException;
import java.io.InputStreamReader;
import java.io.OutputStreamWriter;
public class IOExercise {
    public static void main(String[ ] args) {
        try (FileInputStream fis = new FileInputStream("oldtest.txt");
            InputStreamReader isr = new InputStreamReader(fis);
            FileOutputStream fos = new FileOutputStream("newtest.txt");
            OutputStreamWriter osw = new OutputStreamWriter(fos)) {
            int character;
            while ((character = isr.read( ))!= -1) {
                char c = (char) character;
                if (Character.isLetter(c)) {
                    c = Character.toUpperCase(c);
                }
                osw.write(c);
            }
            System.out.println("文件处理完成。");
        } catch (IOException e) {
```

```
            e.printStackTrace( );
        }
    }
}
```

第 13 章

【习题】

选择题：A、B、C

【实际操作训练】

```
public class Customer implements Runnable {
    private Counter counter;
    private int customerNumber;

    public Customer(Counter counter, int customerNumber) {
        this.counter = counter;
        this.customerNumber = customerNumber;
    }

    @Override
    public void run( ) {
        try {
            System.out.println("顾客 " + customerNumber + " 等待服务。");
            counter.serveCustomer(customerNumber);
            System.out.println("顾客 " + customerNumber + " 服务完成。");
        } catch (InterruptedException e) {
            Thread.currentThread( ).interrupt( );
        }
    }
}

class Counter implements Runnable {
    private int customerNumber;
    private boolean customerWaiting;

    public Counter( ) {
        customerNumber = 1;
        customerWaiting = false;
    }

    public void serveCustomer(int customerNumber) throws InterruptedException {
        synchronized (this) {
            while (!customerWaiting) {
                wait( );
            }
            System.out.println("柜员为顾客 " + customerNumber + " 服务。");
```

```java
                Thread.sleep((int) (Math.random( ) * 5000) + 1000);
                this.customerNumber++;
                customerWaiting = false;
                notify( );
            }
        }

        @Override
        public void run( ) {
            while (true) {
                try {
                    synchronized (this) {
                        while (customerWaiting) {
                            wait( );
                        }
                        System.out.println("柜员等待顾客。");
                        wait( );
                    }
                } catch (InterruptedException e) {
                    Thread.currentThread( ).interrupt( );
                }
            }
        }
    }

    public class BankCounterSimulation {
        public static void main(String[ ] args) {
            Counter counter = new Counter( );
            Thread counterThread = new Thread(counter);
            counterThread.start( );

            for (int i = 1; i <= 5; i++) {
                Customer customer = new Customer(counter, i);
                Thread customerThread = new Thread(customer);
                customerThread.start( );
                try {
                    Thread.sleep((int) (Math.random( ) * 3000));
                } catch (InterruptedException e) {
                    Thread.currentThread( ).interrupt( );
                }
            }
        }
    }
```